膨胀红砂岩水理性试验及渐进破坏理论

朱珍德　张爱军　蒋志坚　著

国家自然科学基金面上项目资助(50479021、41272329)

科学出版社

北　京

内 容 简 介

本书全面、系统地阐述膨胀红砂岩宏细观水理特性的相关理论及研究成果。依托红山窑水利枢纽改造工程，通过对红砂岩进行室内和现场试验，包括膨胀变形试验、膨胀力试验、单轴压缩试验等，分析膨胀红砂岩随吸水率变化的膨缩规律。以试验结果为依据，建立了考虑吸水率因素的膨胀红砂岩宏细观本构模型；编制有限元计算程序，对试验结果进行数值模拟验证。结合膨胀红砂岩相关理论成果，应用于相关工程，确定红山窑水利枢纽工程的地基处理方案。

本书可供从事岩石力学研究的工程人员参考，也可作为高等院校相关专业的研究生教材。

图书在版编目(CIP)数据

膨胀红砂岩水理性试验及渐进破坏理论/朱珍德，张爱军，蒋志坚著.
—北京：科学出版社，2017.10
ISBN 978-7-03-052388-4

Ⅰ.①膨… Ⅱ.①朱… ②张… ③蒋… Ⅲ.①砂岩-膨胀性-研究
Ⅳ.①P588.21

中国版本图书馆 CIP 数据核字(2017)第 069254 号

责任编辑：周　炜 / 责任校对：桂伟利
责任印制：肖　兴 / 封面设计：陈　静

科 学 出 版 社 出版
北京东黄城根北街 16 号
邮政编码：100717
http://www.sciencep.com

中国科学院印刷厂印刷
科学出版社发行　各地新华书店经销
*

2017 年 10 月第 一 版　开本：720×1000　1/16
2017 年 10 月第一次印刷　印张：10 1/2
字数：212 000
定价：98.00 元
(如有印装质量问题，我社负责调换)

前　言

为适应人口增长与经济发展的需要,水利水电枢纽、建筑、运输等大型工程迅速兴建,而且呈现出向西部发展和往地下延伸的趋势。与此同时,工程建设过程面临的地质环境愈加复杂。膨胀岩在全球范围分布广泛且性质复杂,在工程建设过程中对工程体的稳定有极大威胁,一直以来是相关专业学者最关注的问题之一。为解决膨胀岩膨胀变形以及强度劣化产生的工程问题,必须研究膨胀岩的水理性,揭示其渐进破坏机理,以期为工程加固提供理论性指导。

膨胀红砂岩是一种特殊的岩石材料,因蒙脱石含量高,具有膨缩性和软化性。尽管对该类岩石相关特性的研究已有很多,但目前对膨胀红砂岩水理特性的系统性研究尚未完善,岩石的膨胀理论以及微细观角度的损伤发展理论分析还缺少数学力学基础,非量化的描述难以为工程提供有价值的指导。因此,为适应工程发展以及理论完善的需要,很有必要撰写一本关于膨胀红砂岩方面的专著。

本书共6章,第1章简要分析膨胀岩的判别方法、研究意义和发展状况。第2章通过膨胀红砂岩变形性质、力学特性以及湿化性试验研究,提出膨胀稳定时间的理想概化数学模型、膨胀力与膨胀变形规律、抗剪强度与吸水率的关系,揭示膨胀红砂岩湿化机理。第3章在室内试验基础上建立应力-应变关系与吸水率之间的本构模型,编制适用于模拟膨胀问题的有限单元法程序SNEP,对各种情况下膨胀岩的受力特点与变化规律进行数值模拟。第4章通过对膨胀红砂岩细观损伤演化的试验研究,得到反映细观结构损伤动态演化的特征参数,分析膨胀红砂岩损伤演化过程,将损伤演化进行量化,建立岩石力学性质与细观结构的内在联系。第5章基于损伤力学理论,推导出损伤本构方程,建立一个包含多个强度影响因素的损伤本构模型。第6章结合红山窑水利枢纽地基处理工程对膨胀红砂岩进行现场膨胀率、力学特性试验,并结合室内试验结论,选定膨胀红砂岩地基处理方案,并开发出三维非饱和湿度应力场弹塑性耦合有限元程序,将模拟结果与现场试验的结果进行比较,验证选取的地基处理方案的可靠性。

本书部分内容为国家自然科学基金课题(50479021、41272329)的研究成果。本书第1章、第4章、第5章由朱珍德撰写;第2章、第3章由张爱军撰写;第6章由蒋志坚撰写。本书得到魏玉寒、马文琪两位硕士研究生的帮助,在此表示感谢。

感谢重庆大学刘汉龙教授、河海大学高玉峰教授、南京水利规划设计院徐惠民教授、陈勇教授的一贯支持和鼓励。特别感谢为本书做出贡献的王军、邢福东、何山、张勇博士,是他们的鼎力相助,才使我们的成果得以早日与读者见面。

　　应该指出,膨胀红砂岩宏细观水理性的研究是岩石力学中极其重要的一个方面,目前还有许多理论及实践性的问题需进一步的研究和完善。限于作者水平,书中难免存在疏漏和不妥之处,敬请读者批评指正。

朱珍德

2017 年 1 月

于古都南京清凉山南麓

目　　录

第1章 绪 论

1.1 概 述

膨胀岩是指含有大量亲水矿物,由于与水发生物理化学反应引起体积变化,且当变形受约束时会产生较大内应力的一类岩石。膨胀岩在全球范围内分布极广,形成过程复杂,其水理特性因含水率不同而有较大差异。膨胀岩体的破坏给水利水电、地下硐室、边坡等大型工程的建设带来不便,常引发严重的工程事故,造成经济损失,危及生命安全。只有掌握其水理性质及损伤演化规律才能为工程加固提供可靠的理论支持。

目前关于膨胀岩的研究尚处于起步阶段。膨胀岩的物理力学性质与黏粒含量和外部环境等因素密切相关,而对于膨胀岩的判别和分类尚未统一,对其水理性质和损伤演化规律的定量表述也不足。因此,对膨胀红砂岩水理性质的宏观和细观研究意义重大。

本章首先对膨胀岩的判别分类方法进行归纳总结,然后从膨胀岩膨胀机理、膨胀特性试验和膨胀本构三个方面探讨国内外关于膨胀岩研究的现状,在前人研究的基础上,提出本书的研究思路与主要内容。

1.2 问题的提出

1.2.1 工程需要的紧迫性

膨胀岩在世界范围内分布极广,迄今为止已发现存在膨胀岩的国家达 40 余个,遍及五大洲。由于膨胀岩显著的胀缩特性,建设在膨胀岩地区的各类工程常遭受严重损坏。Grob 报道了瑞士的一些公路隧道因膨胀引起的底鼓破坏情况,最大底鼓量在几个月内达 90cm。在美国,每年因膨胀岩对房屋、建筑、公路和管道的破坏所造成的经济损失高达 23 亿美元,是由台风、洪水等造成经济损失总和的两倍多。在苏丹,存在潜在膨胀岩的地区占整个国土面积的 1/3 多,位于这些地区的水利灌溉系统、下水管、建筑物、道路以及其他结构同样时常出现膨胀破坏现象[1~5]。

随着经济发展,我国水利水电、交通运输、采矿、建筑等领域的大型工程迅速兴起,遇到的复杂地质状况也随之增多,膨胀岩引发的工程问题日益突出。例如,南水北调中线工程干线需要处理的主要技术问题包括占干线总长度近 1/4 的膨胀岩问题[6];三峡水利工程中的巫山、奉节、巴东等地区广泛分布着膨胀性岩土,使得在工程施工过程中出现开挖剖面产生收缩裂隙、地基变形、坡面滑坡崩塌等工程灾害[7]。据初步估计,我国每年因膨胀岩造成的各类工程建筑物破坏的损失达数十亿元以上。

膨胀岩对环境的温度、湿度、压力和地下水等因素的变化极为敏感,它的性状变化主要是由岩石中亲水矿物含量及岩石中含水量的变化引起的。所以,膨胀岩一旦暴露极易风化干裂,卸荷张裂,遇水软化膨胀,具有很差的工程地质性质,对水工建筑的地基、地下硐室(隧洞)及边坡工程影响甚大,往往引起重大工程事故,造成楼房、桥梁开裂,地下硐室围岩隆起,支护破裂,地基承载力丧失等。上述工程问题在工程建设运行过程中造成极大的安全隐患和经济损失,为了适应工程发展需要,必须对膨胀岩的水理性质进行全面研究,采取经济、工程实施方面可行的处理措施,解决膨胀岩地区工程建设问题。

1.2.2 膨胀性质的复杂性

膨胀岩是在复杂的地质发展过程中经物理风化和水流搬运分离作用形成的。由于地质年代和沉积作用的不同,膨胀岩的分布具有区域性,且类型不同。膨胀岩的胀缩性不仅与岩体所处的物理环境有关,而且由于其内部含有大量亲水矿物,黏粒含量的不同对性质也有很大影响,二者共同作用。外界湿度变化时,膨胀岩与水接触,发生物理化学反应引起体积变化,体积发展受限产生膨胀力,导致膨胀岩受力状态的变化;含水率的改变同时引起膨胀岩力学特性的变化,一般岩石的本构方程对膨胀岩不再适用。

岩石遇水发生崩解的性质称为岩石水敏性。膨胀岩主要由强亲水性的蒙脱石和伊利石组成,耐崩解性差,湿化性明显。膨胀岩湿化性及导致的强度衰减尚未有专门的研究,探讨湿化机理对膨胀岩特性的了解帮助甚大。

众所周知,岩石类材料是含夹杂、孔洞、裂隙和微结构面的非均匀各向异性介质,当这些缺陷存在且材料对缺陷敏感时往往容易发生意外事故。膨胀岩在含水情况下的渐进破坏还需要考虑水化损伤的影响,其内部裂隙的产生和扩展规律、损伤变量及损伤演化方程都因水的存在而更为复杂。

1.2.3 认识的不足性

膨胀岩问题是当今工程地质学和岩石力学领域中最复杂的研究课题之一[8],其水理性质及损伤演化机理均比普通岩石复杂很多,人们对膨胀岩的研究目前尚处于起步阶段,虽然相关的研究已经取得很多有价值的成果,但缺乏统一性和整体性。像单轴压缩损伤劣化看似简单,但这个对以承压为主的岩石固体的十分重要的问题至今尚未解决,还没有一种模型能较好地模拟大部分岩石受压膨胀破坏过程。

对于膨胀岩石的分类至今没有统一的定量判别方法与分级标准,对膨胀力学机制的认识也才刚刚起步,膨胀软化的本构关系还需深入研究;此外,膨胀岩细观渐进损伤机理还需进一步的理论研究。研究不同地区不同类型膨胀岩的判别与分级标准、分析膨胀变形机理及相应的本构关系模型[9],不仅具有重大的理论意义,对膨胀岩地区工程的勘探、设计和施工也具有重要的现实指导意义。

1.3 膨胀岩的判别及分类

1.3.1 膨胀岩的判别

本节根据膨胀岩胀缩特性的实质及其影响因素,综合前人的判别方法,提出膨胀岩的判别主要包括以下两个方面:一是黏土矿物成分的鉴定;二是亲水程度的确定。

1. 根据野外特征判别

根据地貌特征判别。膨胀岩分布区域一般为呈波状起伏的低缓丘陵,相对高度为 20~30m,丘顶浑圆,坡面圆顺,无天然陡坡,坡度缓于 30°,岗丘之间以宽阔的 U 形阔地相间。

根据岩性特征判别。膨胀岩多为灰白色、灰绿色、灰黄色、紫红色和灰色泥岩、泥质粉砂、页岩、风化的泥灰岩、风化的基性岩浆岩、蒙脱石化的凝灰岩等。岩石遇水后手摸有油腻感。

根据结构构造特征判别。膨胀岩岩层多为中厚层或薄层,裂隙发育,隙壁周围常有异种灰白、灰绿色物质充填或替代,岩体中的波状结构面光滑且有擦痕。

根据岩石野外风化特征判别。膨胀岩经风化作用裂隙发育,岩体被切割成10~20cm 碎块,易剥落。干燥岩块泡水后崩解成碎块或碎片。天然含水岩块在曝晒下失水产生细微裂隙。

2. 根据崩解特征判别

膨胀岩的崩解特征可以通过崩解试验进行观察。崩解试验取 100g 左右的原状不规则岩块在 105℃下烘干至恒重,在湿化仪上进行试验,观察崩解特征,判别膨胀性的大小。

不同岩石的崩解类型及特征见表 1.1。其中 Ⅰ、Ⅱ、Ⅲ类可初判为膨胀岩,Ⅳ

类则为不亲水的非膨胀岩。

表 1.1　岩石崩解类型及特征

崩解类型	崩解物形态	崩解特征
Ⅰ	泥状	浸入水中即刻剧烈崩解,呈土状撒落
Ⅱ	碎隙泥、碎块泥	浸入水中成絮状、粉末状崩落,崩解物为粒状、片状碎隙或碎块
Ⅲ	碎岩片、碎岩块	浸入水中呈块状崩裂塌落或片状开裂,崩解物为碎岩片或碎岩块
Ⅳ	整体块状	浸入水中岩块坚硬、不崩解

3. 根据自由膨胀率判别

自由膨胀率是用粉碎样测得的,可反映出岩石的物质组成。根据现有研究成果,自由膨胀率大于 30% 的岩石就具有很大的膨胀力。因此可把自由膨胀率小于 30% 的岩石判断为非膨胀岩,大于或等于 30% 的判断为膨胀岩。其中自由膨胀率 30%~50% 的为微膨胀岩,50%~70% 的为弱膨胀岩,大于 70% 的为强膨胀岩。

4. 根据岩块干燥饱和吸水率判别

将 100~200g 不规则岩块在 105℃ 条件下烘至恒重后再浸泡 24h,测得其含水量占岩块质量之比即为岩块干燥饱和吸水率。它反映了岩石矿物成分的亲水特征和结构连接特征。一般可将干燥饱和吸水率大于或等于 10% 的岩石初判为膨胀岩。其中,岩块干燥饱和吸水率 10%~30% 的为微膨胀岩,30%~50% 的为弱膨胀岩,大于 50% 的为强膨胀岩。

5. 根据极限膨胀量判别

将原状岩样在 105℃ 条件下烘干至恒重,制成厚度 1cm、直径 5.8cm 的样品,在瓦氏膨胀仪上即可测出岩样的无荷极限膨胀量。极限膨胀量能充分反映原状结构下岩石的膨胀特性。从测得的指标看,极限膨胀量在 5% 以下的岩石湿化后不崩解、不软化,保持原始形态不变,可判断为非膨胀岩,而极限膨胀量大于或等于 5% 的则可判断为膨胀岩。其中,极限膨胀量 5%~10% 的为微膨胀岩,10%~20% 的为弱膨胀岩,大于 20% 的为强膨胀岩。

6. 根据极限膨胀力判别

极限膨胀力是将原状样品烘干至恒重,用平衡法在固结仪上测得的力。极限膨胀力是反映岩石膨胀性大小的最直观的指标,它不仅能反映岩石的矿物成分,还能反映岩石的结构和胶结程度。试验研究认为极限膨胀力小于 100kPa 的为非膨胀岩,大于或等于 100kPa 的为膨胀岩。其中极限膨胀力 100～300kPa 的为微膨胀岩,300～500kPa 的为弱膨胀岩,大于 500kPa 的为强膨胀岩。

7. 根据岩石的比表面积判别

由于不同的黏土矿物具有不同的结构形式,所以它们的比表面积是不一样的。主要的黏土矿物蒙脱石、伊利石、高岭石的比表面积都比较大,因此可以根据比表面积来判别岩石的膨胀性。由于黏质岩样几乎都不是单矿物成分的,常常是多种黏土矿物组成的混合物,测得的比表面积数值也就是多种黏土矿物的综合值。一般可将比表面积大于或等于 $50m^2/g$ 的岩石初判为膨胀岩。其中比表面积 $50～100m^2/g$ 的为微膨胀岩,$100～300m^2/g$ 的为弱膨胀岩,大于 $300m^2/g$ 的为强膨胀岩。

除上述特征及指标之外,还可根据交换容量、液限、耐久性指标、软化系数、围岩强度等指标来判别岩石是否为膨胀岩。

1.3.2　膨胀岩的分类

关于膨胀岩的分类,目前还没有统一的国际和国内标准,各地区各部门的分类标准多种多样、各不相同。既有的国内外膨胀岩主要分类标准见表 1.2。

表 1.2　既有的国内外膨胀岩分类标准

岩石类型	自由膨胀率/%	干燥饱和吸水率/%	浸水崩解度	极限膨胀量/%	极限膨胀力/kPa	比表面积/(m²/g)	交换容量/(mL/g)	围岩强度/MPa
非膨胀岩	<30	<10	A	<5	<100	<50	<0.1	>1
微膨胀岩	30～50	10～30	B,C	5～10	100～300	50～100	0.1～0.2	0.70～1
弱膨胀岩	50～70	30～50	C,D	10～20	300～500	100～300	0.2～0.5	0.40～0.70
强膨胀岩	>70	>50	D	>20	>500	>300	>0.5	<0.40

注:浸水崩解度 A 表示几乎无变化,B 表示变化程度中等偏小,C 表示变化程度中等偏大,D 表示完全崩坏。

1. 专家数据系统

表 1.2 判别标准的依据主要来源于大量的原始数据以及地质学者和工程师的经验,可称为专家数据系统[10]。为使专家数据系统在实践中能得到更广泛的应用,本节将探讨如何利用专家数据系统来指导今后的工作,使膨胀岩的判别与分类工作更方便、快速、准确,从而为工程设计提供更合理的力学指标,达到优化工程设计的目的。

膨胀岩的分类指标较多,若仅采用某单项因素来进行分类就很难做到科学合理,甚至会导致不切实际的结果。下面探讨如何利用专家数据系统对膨胀岩进行分类。采用现有的国内外膨胀岩主要分类指标,即自由膨胀率、干燥饱和吸水率、浸水崩解度、极限膨胀量、极限膨胀力、比表面积、交换容量及围岩强度等因素,构成因素集 $U=\{U_1,U_2,U_3,U_4,U_5,U_6,U_7,U_8\}$。根据既有国内外膨胀岩主要分类标准确定膨胀岩分类的专家数据系统模式,其集合为 $V=\{V_1,V_2,V_3,V_4\}$,其中 $V_1 \sim V_4$ 分别代表非膨胀岩、微膨胀岩、弱膨胀岩、强膨胀岩,且每一个 V 均有一组因素 U 与之对应。

2. 数据标准化

对于确定的专家数据系统与待归类样本,由于各分类指标因素单位不同,数据相差悬殊,若直接进行运算分析,那么数值越小则运算中的信息损失就越大。为避免信息损失,可先对原始数据做标准化处理,将各数据压缩在[0,1]闭区间内。设待分类的样本共有 i 个($i=1,2,\cdots,n$),记为 A_i,其中某一因素可以取得 n 个原始数据,设为 $u_{i1},u_{i2},\cdots,u_{ij}$($j=1,2,\cdots,n$),为这一因素的各个元素。为把这些数据标准化,先求出它们的平均值和标准差。

平均值:

$$u_{ij} = \frac{1}{n}(u_{i1} + u_{i2} + \cdots + u_{ij}) = \frac{1}{n}\sum_{j=1}^{n} u_{ij} \tag{1.1}$$

标准差:

$$s = \sqrt{\frac{\sum\limits_{j=1}^{n}(u_{i1} - u_{ij})^2}{n}} \tag{1.2}$$

将 u_{ij}、s 的值代入式(1.3)可求出标准化的值。

$$u'_{ij} = \frac{u_{ij}}{s} \tag{1.3}$$

为确保标准化数据在[0,1]闭区间上,采用极值标准化公式:

$$u''_{ij} = \frac{u'_{ij} - u'_{\min}}{u'_{\max} - u'_{\min}} \tag{1.4}$$

式中,$u'_{\min}$ 和 $u'_{\max}$ 分别为 u'_{ij} 中的最小值和最大值。

3. 分类方法

在确定的专家数据系统模式和待分类的样本之间建立一种距离关系,以此来标定样本与专家数据系统的接近度 $d(A_i,V)$。本节采用广义海明加权距离公式:

$$d(A_i,V) = \sum_{i,j=1}^{n} W_j(U_{A_i} - U_V) \tag{1.5}$$

计算中一般考虑将各分类因素等权重计算。当然也可根据各因素在工程设计中的重要性定出权重。

1.4　国内外研究现状

1.4.1　膨胀机理的研究

工程中所遇到的膨胀性岩石有两类：一类是含有强亲水性黏土矿物的泥质岩类。强亲水性黏土矿物主要有蒙脱石和伊利石。在天然膨胀岩中的蒙脱石含有很高的水分,达 25%～50%,大量的吸附水使蒙脱石晶层内外表面形成发育的水化层。无论晶层间的吸附水还是颗粒周围的吸附水,在干燥环境风干失去较多的水分后,不仅会造成颗粒体积的减小和宏观收缩裂缝的形成,而且会使微结构潜在破坏。这样,一旦再与水相互作用,脱水的黏土岩类将产生强烈的吸水现象,导致晶层间吸附水的厚度增加,以及颗粒周围结合水膜的厚度加大,从而伴随产生颗粒间结合水的巨大楔压,导致软岩膨胀。另一类是化学转化膨胀岩,如硬石膏 $(CaSO_4)$、无水芒硝(Na_2SO_4)和钙芒硝$(Na_2SO_4 \cdot CaSO_4)$等。它们因吸水变相和结晶而引起体积增大。

硬石膏吸水发生化学反应：

$$CaSO_4 + 2H_2O \longrightarrow CaSO_4 \cdot 2H_2O$$
$$(46cm^3)\ (36cm^3) \qquad\qquad (74cm^3) \qquad\qquad (1.6)$$

体积增加量为

$$\frac{74-46}{46} = 61\% \qquad\qquad (1.7)$$

硬石膏所处温度在 38℃ 以下时,是相当稳定的,故这种膨胀被认为是不可逆的,这类岩石是在干旱半干旱气候条件下,在封闭半封闭的蒸发盆地中所形成的含石膏和芒硝的沉积物经过成岩脱水作用而形成的。

目前,关于硬石膏的膨胀过程及膨胀机理的认识尚不十分清楚,Holtz 等[11]研究的结果表明,岩石在石膏化过程中并无体积增加,另一些学者所做的长期室内试验说明,纯硬石膏吸水时的体积膨胀应变比硬石膏含量为 50% 的岩石体积膨胀应变要小[2,12,13],目前在理论上还很难解释这种现象产生的原因。

另一类膨胀岩是含有强亲水黏土矿物的黏土类岩。强亲水黏土矿物主要有蒙脱石、高岭石和伊利石等,尤以蒙脱石最为显著。这几类矿物晶体结构特殊,能将水分子吸附在晶层表面和晶层内[14],研究已知,未浸水黏土矿物的晶层间距为 29Å,浸水后则变为 33Å,引起体积增加近 14%[15],这类矿物失水后会收缩,膨胀是可逆的。包含这类矿物的岩石有泥岩、页岩、黏土岩、片岩、凝灰岩、蛇纹岩、玢岩等。

影响岩石膨胀的主要因素如下：

（1）环境湿度历史。

岩石的膨胀应变与初始含水量近似呈线性关系，初始含水量越小，其膨胀应变量就越大。Huang 等[16]通过侧向约束试验，得出了最大膨胀压力与相对湿度 RH 和湿度活性指数 I_{RH} 的关系模型，并绘制了一系列湿度和膨胀压力的关系曲线，用以预测最大的膨胀压力。其模型为

$$P_{max} = 0.0686RH - 0.0008RH^2 + 1.7423I_{RH} - 0.0132I_{RH}^2$$
$$- 0.0145RH \times I_{RH} + 0.9594 \tag{1.8}$$

式中，P_{max} 为最大膨胀压力（MPa）。

事实上，膨胀岩吸水膨胀是非常复杂的。可以描述成由两个相互联系的过程组成：在第一过程中，水被膨胀岩的孔隙吸收后，在骨架中就会产生负的有效应力，导致体积发生膨胀，此时的膨胀变形发展进程同吸水过程是同步的。在这一过程中，岩体微粒之间水膜变厚，也导致了微粒的机械膨胀，这种体积膨胀量直接取决于参与该过程中水的体积。在第二过程中，水被矿物集合体所吸收，导致体积发生膨胀，这是一物理化学过程，在这个过程中，膨胀的进程是滞后于吸水过程的。

（2）围岩的应力状态。

膨胀性岩石吸水膨胀过程与其所受的应力状态密切相关。许多学者通过膨胀试验得出了轴向膨胀应变与轴向压力的对数之间呈线性关系。1972 年，Einstein[17]指出围岩膨胀是由应力第一不变量的变化所引起的。

（3）岩石的结构。

岩石的内部结构以及胶结状态对其膨胀性质有相当大的影响。对无胶结的黏土岩，风干后再吸水会发生膨胀崩解，其体积可增加近十倍。胶结情况对膨胀过程也有影响，如有钙质胶结的黏土质砂岩，测定其最大膨胀压力的稳定时间过程需要 10 天以上，而无钙质胶结的只需 10 天。粒径小于 0.01mm 的硬石膏的膨胀系数为岩样相应值的两倍以上。一般说来，阳离子交换量和比表面积较高的软岩，胀缩性能比较强烈。

（4）岩石的干重度及孔隙率。

岩石的初始干燥密度对其膨胀有很大影响。在含水量一定的条件下，体积膨胀量随其干重度的增大而增加。

天然状态与风干状态的黏土岩胀缩性指标有很大的差别，见表 1.3。

表 1.3 南水北调工程膨胀岩胀缩特性指标

岩类	自由膨胀率/%	岩块干燥饱和吸水率/%	指标				
			天然状态			风干状态	
			体缩率/%	膨胀量/%	膨胀力/kPa	膨胀量/%	膨胀力/kPa
灰绿色黏土岩	66	52.3	16.41	14.24	196	63.07	1400
褐黄色黏土岩	54	48.6	11.57	10.69	191	41.68	930
绿色砂质黏土岩	49	42.7	9.23	9.01	161	38.64	540

在隧道工程的围岩中,水分的补给是形成膨胀压力的必要因素。通常,水分的来源主要是地下水、施工和使用过程中的积水以及空气中的潮气。因此,膨胀压力还与季节有关,夏季空气湿度大,雨季地下水渗入量大,都会使膨胀压力增大。图 1.1 为片状泥质页岩隧洞围岩变形曲线。曲线表明,第 Ⅰ 阶段是由围岩应力所引起的弹性变形,这一阶段中变形出现快,方向性强烈,各向变形不等。第 Ⅱ 阶段是由围岩吸收隧洞中潮气而产生的膨胀变形,表现为变形比较缓慢,在各处湿度相同的条件下,围岩各向膨胀量和变形速度基本相同。但随着夏天到来,空气中湿度增大,水气进入围岩深部,围岩变形进入第 Ⅲ 阶段,变形急剧增大,直至发生片帮冒顶。

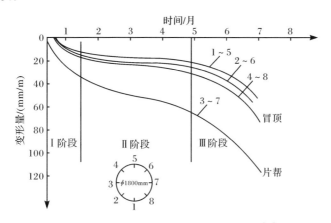

图 1.1 片状泥质页岩隧洞围岩变形曲线[18]

杨庆等[19]对具有膨胀性的黑云母安山岩与辉石闪长玢岩的体积应力与吸水量的关系做了试验。在试验中发现,岩石吸水膨胀过程不是连续的。当对试件施加一定的体积应力后,一开始吸水速度较快,随着时间的延长,吸水速度逐渐降低,最后达到稳定值。此时卸载,试件又开始吸水,随着时间的延长又达到稳定值,即膨胀岩在一定的体积应力作用下,其吸水量有一个饱和值,饱和量是体积应力的函数。

通过试验可知,不同风化程度的膨胀岩在物理水理性质及胀缩性方面有显著差别,一般全、强风化黏土岩的膨胀力要比中等风化黏土岩膨胀力大 1～4 倍,主要原因是膨胀岩存在一定的膨胀约束力,风化轻的黏土岩结构未遭破坏,其膨胀性受到约束而难于发挥,膨胀力就小,反之则大。这种膨胀约束力会随含水量的增大而减小。在反复胀缩试验作用下,岩土膨胀约束力逐渐减弱消失。可见黏土岩膨胀特性得到发挥,是岩体本身膨胀约束力遭受破坏的结果,从而在工程上应采取防止岩土膨胀约束力遭到削弱的工程措施。

从以上影响膨胀的主要因素可知,工程上膨胀性围岩发生膨胀是由于对围岩的湿度和结构的扰动以及因开挖造成应力降低所引起的。

由于膨胀岩所处的地质条件复杂,影响其膨胀特性的因素很多,因此,许多学者从不同的方向进行了系统的研究,提出了众多理论,一度出现百花齐放的局面。主要的理论有晶格扩张膨胀理论、叠片体作用理论、双电层理论、吸力势理论、结构连接与楔入作用理论、膨胀潜势理论、自由能变化理论、胀缩路径和胀缩状态理论、湿度应力场理论、胀缩时间效应理论和工程结构理论等[1,20~27]。

晶格扩张膨胀理论揭示了颗粒内部的膨胀机理,而叠片体作用理论、双电层理论、吸力势理论则揭示的是粒间的膨胀效应。结构连接与楔入作用理论认为黏土的膨胀是由结合水溶剂膜的楔入作用产生的,膨胀岩的动力学特征与数值不仅取决于它们的成分和外部环境的物理条件,也取决于结构连接的强弱。这五个理论从微观物理化学的角度来解释膨胀的内在原因。

膨胀潜势理论认为膨胀岩的膨胀性仅以塑性指数表示即可。自由能变化理论试图解释由自由能改变而引起的岩体吸水膨胀所造成的强度衰减。胀缩路径和胀缩状态理论在连续性、胀缩可逆性假定及体胀缩率与含水量呈单值函数假定的前提下提出:某一状态的膨胀岩土体都是其胀缩路径上的一个点,且其胀缩状态只与含水量有关。在边界条件和初始条件一定的情况下,可根据初始的含水量场求得随时间变化的含水量增量场,再根据胀缩路径方程,就可得到将产生的胀缩应变。但其假设与实际不符。在湿度应力场理论中,湿度应力场是指由湿度场的变化而引起的应力场变化。该理论在吸水作用力和含水量及体积变形间关系的基础上建立了湿度场和应力场的控制微分方程,可得到湿度场、应力场、应变场及位移场的解析解。实际上所建方程极复杂,很难求解。胀缩时间效应理论充分考虑到岩体膨胀、收缩、崩解及其恶性循环的过程是个流变过程,并在此基础上进行膨胀本构的研究。以上这些理论都是建立在宏观湿度场和应力场变化的基础上,并对其力学机制进行了深入探讨。

刘特洪[28]认为以上理论都存在局限性,只涉及问题的一个方面未能全面地考虑影响胀缩特性的各种因素,特别是未能从岩石结构方面考虑问题。在充分吸收以上理论研究成果和系统分析的基础上,提出了工程结构理论,该理论包含方方面面的因素和分析方法,并将它们在这个大的系统中进行优化协调控制,可以说这个理论是膨胀岩土问题的理论体系架构,为这一课题的研究提供了方向。

1.4.2　膨胀特性试验研究

学者针对影响膨胀岩膨胀特性的参数做了大量试验,参数主要包括初始含水量、孔隙率、干容重、胶结情况等。试验可归为以下三种主要类型:

(1)膨胀压力试验。目的在于测量试件在有侧向约束条件下浸入水中时,保持试件高度不变的最大轴向压力。试验方法有平衡加压法、膨胀加压法、加压膨胀法[29]。

(2)膨胀应变试验。测量岩石试件浸入水中时的非约束最大自由轴向膨胀应变。

(3)膨胀应变和轴向压力的关系试验。研究膨胀应力和膨胀应变的关系。

Komornik 等[30~32]测出了径向膨胀应变和膨胀应力的关系,获得了许多有价值的成果。陈宗基[33]将膨胀围岩的变形破坏归因于物理化学作用和由于蠕变、弹性恢复及扩容引起的流变效应,并提出本构方程,得出结论,水分渗入岩石毛细管中并经具有潜在膨胀性的膨胀核吸收后位移显著增加。

Franklin[34]将膨胀仪的刚性环刀改为柔性环刀,在环刀外侧粘贴电阻应变片,测量径向膨胀应变和应力;与此同时,我国学者孙钧等[35]将膨胀问题转化为流变问题的膨胀模型,据此研制了三维应力状态下膨胀与流变耦合的有限元程序,并对支护效应问题进行数值模拟分析。

1994 年国际岩石力学学会膨胀岩委员会和试验方法委员会膨胀岩工作小组公布了《泥质膨胀岩室内试验的建议方法》,对测量最大轴向膨胀应力、轴向和径向自由膨胀应变,以及测量轴向膨胀应力和轴向膨胀应变关系的方法做了阐述,试图使之规范化,并提出应该继续开展实验室试验研究,特别是三维试验研究的观点[36~39]。

Davison 等[40,41]在常规膨胀仪试验的基础上,发展了连续荷载膨胀试验方法,使所测得的膨胀和固结参数更准确。杨庆等[42]在改装的土三轴剪切仪上进行三轴膨胀试验研究,测定膨胀岩膨胀应变与三轴应力、吸水量等之间的关系。张玉军等[43]对膨胀岩进行 X 射线衍射分析,并进行膨胀力和自由膨胀率试验,得出膨胀力等膨胀性能指标随膨胀岩黏土矿物成分以及含水率变化的规律。

何晓民等[44]对南水北调工程中线工程的强风化黏土岩和泥灰岩的原状样和扰动样进行了试验,研究膨胀岩的物理力学特性,为工程的设计施工提供科学依据。刘静德等[45]通过南水北调中线强膨胀岩的试验研究,得出强膨胀岩的膨胀率随着含水率的增加呈线性减小;随着干密度的增加,呈线性增加。广义膨胀力随着干密度的增加、含水率的减小逐渐增大。赵二平等[46]得出南水北调中线工程膨胀岩膨胀率随时间的关系曲线与初始含水率有关,存在一个含水率拐点,拐点前后的曲线分布规律有明显差别。

膨胀岩的微观结构试验[47~54],其目的是测定膨胀岩的矿物成分及分析膨胀岩的物理化学性质。测定岩石矿物成分的试验主要有 X 射线衍射分析、扫描电镜观察、差热分析以及晶粒和组织的显微分析等;测定膨胀岩物理化学性质的试验包括测定离子交换量、测定比表面积等。

王幼麟[55]提出,岩石的膨胀、软化和崩解往往是物理化学因素和力学因素综合作用的结果。从微观角度考虑,首要的任务是要研究岩石与水之间物理化学作用机理及其主要影响因素,为了解决这一问题,需要进行物理成分、结构特征、物理化学性质以及膨胀机理的研究。

茅献彪等[56]针对膨胀岩复杂的物理力学特性,采用 X 射线衍射、扫描电镜观察等方法,较为全面地分析膨胀岩的矿物成分和组织结构特征,以及在间接拉伸、单轴压缩、三轴压缩、长期流变试验过程中的损伤破坏规律,分析膨胀岩遇水作用前后微结构的变化情况。通过一系列细观力学试验的研究,得出膨胀岩的主要矿物成分是蒙脱石、伊利石、高岭石和伊蒙混合层,并且存在大量微裂隙,这些微裂隙的存在为水渗入岩体提供了通道。他还得出膨胀岩的破坏特征:在单轴试验和拉伸试验中表现出典型的脆性损伤破坏特性,具体表现为绕颗粒弱结合边界面的滑移和拉伸断裂;在三轴和长期流变损伤破坏中则表现出部分韧性破坏的特征和颗粒细化的现象。

朱建民等[57]对小官庄铁矿软岩进行了研究,全面分析软岩微观特性,得出小官庄铁矿主要存在两大类软岩:一类是富含蒙脱石的具有中强膨胀特性的软岩,以蚀变闪长玢岩为代表;另一类是富含绿泥石或不含黏土矿物的节理化软岩,不存在膨胀性,以闪长玢岩和绿泥化矽卡岩为代表。

通过对软岩的微结构分析可知,软岩的结构按疏松或定向排列方式排列,所以软岩的性质极不稳定,易受外界环境影响而发生变化,宏观上则表现为强度低、内聚力小、弹性模量低、泊松比高,压缩、剪切或遇水膨胀时其结构容易发生变化,从而引起软岩工程性能的改变。

前人关于膨胀岩研究的试验还有很多,除了上述宏观角度的膨胀特性试验和微观结构试验,还有许多在现场进行的原岩膨胀率试验、剪切试验以及现场荷载试验等[58,59],这里不作详述。

1.4.3 膨胀岩的膨胀本构关系

在对膨胀岩进行大量试验研究的基础上,科学家提出具体的膨胀岩本构模型。从形式上看,这些本构模型大体可以分为以下三类:经验公式、组合模型、流变耦合模型[60~64]。

1. 经验公式

经验公式是根据不同试验条件及不同岩石种类求得的数学表达式。目前有关膨胀岩膨胀变形的主要经验公式如下。

Huder-Amberg 在实验室内用常规固结仪对膨胀性泥灰岩的膨胀特性进行了研究,Gysel[65]用数学语言进行表述,得出如下的经验公式:

$$\varepsilon_z = K\left(1 - \frac{\lg\sigma_z}{\lg\sigma_0}\right) \tag{1.9}$$

式中,ε_z 为轴向膨胀应变;σ_0 为最大膨胀应力;σ_z 为轴向应力;K 为 $\sigma_z = 0.1\text{MPa}$ 时轴向膨胀应变。

在此基础上,Wittke 等[14]和 Einstein[17]提出了三维膨胀本构关系。假定侧向应力为

$$\sigma_x = \sigma_y = \frac{\mu}{1-\mu}\sigma_z \tag{1.10}$$

则膨胀应变第一不变量和应变第二不变量的关系为

$$\varepsilon_v = K\left[1 - \frac{\lg\left(\sigma_v \dfrac{1-\mu}{1+\mu}\right)}{\lg\left(\sigma_{v\max} \dfrac{1-\mu}{1+\mu}\right)}\right] \tag{1.11}$$

式中,ε_v 为体积膨胀应变;$\sigma_{v\max}$ 为最大体积膨胀应力;σ_v 为第一应力不变量;μ 为泊松比。

2. 组合模型

傅学敏等用扫描电镜分析膨胀过程中岩石内部颗粒结构的微观变化特征,并做了大量的试验来研究膨胀过程的宏观显现规律。提出用膨胀元件、弹性元件、黏性元件和塑性元件并联组合来模拟膨胀岩膨胀的力学行为(图 1.2)。其本构模型为

$$\sigma = E\varepsilon + \eta\dot{\varepsilon} + \sigma_s \tag{1.12}$$

式中,σ 为某一时刻的膨胀应力;$\dot{\varepsilon}$ 为某一时刻的膨胀应变;σ_s 为材料的屈服极限应力;E 为弹性模量;η 为黏性系数。

导出了动变区(应力是时间的函数)和稳变区(应力为常量)的膨胀应变数学表达式

$$\varepsilon = \frac{1}{E}\left[\dot{\sigma}t - \left(\sigma_s + \frac{\eta}{E}\dot{\sigma}\right)\left(1 - e^{-\frac{E}{\eta}t}\right)\right] \tag{1.13}$$

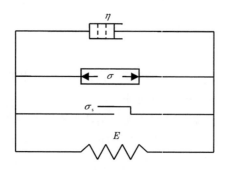

图 1.2　岩石膨胀结构模型

$$\varepsilon = \frac{\sigma - \sigma_s}{E}(1 - e^{-\frac{E}{\eta}t}) \tag{1.14}$$

陈宗基认为膨胀是物理化学和力学过程联合作用的结果,其本构关系为

$$\varepsilon_v = 3\alpha H \tag{1.15}$$

$$H = H_0 e^{\frac{\phi}{RT}} \tag{1.16}$$

式中,ε_v 为体积膨胀应变;α 是一种力学因素的量度,取决于膨胀过程中的比表面积参数值,H 为用于黏土矿物之类膨胀活动性很强的物质参数;ϕ 为激活能;R 为气体常数;T 为热力学温度。

还有的学者从有效应力观点出发来建立膨胀机理的数学模型,例如,将不饱和泥岩中产生的孔隙空气压力和孔隙水压力,以及吸水膨胀压力综合起来用膨胀压力来表示,并把膨胀压力看成内部应力,如果将岩石视为各向同性的匀质体,则关于土体结构的有效应力理论对这类岩石也是适用的。有效应力 σ' 可以用全应力 σ 和膨胀压力 p 的差来表示,即

$$\sigma'_x = \sigma_x - p, \quad \sigma'_y = \sigma_y - p, \quad \sigma'_z = \sigma_z - p \tag{1.17}$$

从而可以建立以下关系:

$$\begin{cases} \varepsilon_x = \dfrac{1}{E}[\sigma_x - \mu(\sigma_y + \sigma_z)] - \dfrac{1-2\mu}{E}p \\[2mm] \varepsilon_y = \dfrac{1}{E}[\sigma_y - \mu(\sigma_z + \sigma_x)] - \dfrac{1-2\mu}{E}p \\[2mm] \varepsilon_z = \dfrac{1}{E}[\sigma_z - \mu(\sigma_x + \sigma_y)] - \dfrac{1-2\mu}{E}p \end{cases} \tag{1.18}$$

此外,把弹性和湿度扩散耦合起来计算应变和应力,计算结果可以给出正在活动的整个膨胀带内岩土体的应力和位移。

3. 流变耦合模型

孙钧等[66]通过泥质砂岩与软弱夹层的膨胀试验研究,提出将膨胀转化为流变

来处理的岩石吸水膨胀模型,再将膨胀模型同流变模型相耦合以解决膨胀围岩复杂的力学计算问题。

(1) 轴向膨胀应变与轴向压力的关系。

$$\varepsilon_z = \frac{K}{\ln\sigma_0 - \ln\sigma_{6.25}}(\ln\sigma_0 - \ln\sigma_z) = A\ln\frac{\sigma_0}{\sigma_z} \tag{1.19}$$

$$\sigma_{6.25} \leqslant \sigma_z \leqslant \sigma_0 \tag{1.20}$$

式中,ε_z 为轴向膨胀应变;σ_z 为轴向压力;K 为 $\sigma_z = 6.25\text{kPa}$ 压力作用下的膨胀率;σ_0 为最大膨胀压力;$\sigma_{6.25}$ 为轴向压力,取值为 6.25kPa;参数 K、σ_0、A 见表 1.4。

表 1.4　参数 K、σ_0、A

岩石名称	K	σ_0/kPa	A
含砾泥质砂岩	0.01041	3896	0.001617
泥质砂岩	0.02508	6416	0.003616

在南水北调中线工程全风化黏土岩试验结果分析中,式(1.19)中的参数 σ_0、A 也可以写成如下形式:

$$\begin{cases} A = a + b(\omega - \omega_0) \\ \sigma_0 = a_1 + b_1\omega_0 + c_1\omega_0^2 \end{cases} \tag{1.21}$$

式中,a、b、a_1、b_1、c_1 为回归系数;ω 为某一状态下的含水量;ω_0 为初始含水量。

裂隙的存在,使膨胀岩在平行与垂直裂隙方向的膨胀特性不同,因此根据两个方向的试验资料可分别建立膨胀方程。

(2) 侧向膨胀压力与轴向压力的关系。

对于泥质砂岩,在双对数坐标上 σ_0 与 σ_z 近似线性关系:

$$\ln\sigma_z = (3.4672 + 0.1627\sigma_0) - 0.1627\frac{\varepsilon_z}{A} \tag{1.22}$$

这说明轴向膨胀应变的增加引起侧向应力或应变的减小。

(3) 膨胀体积应变与应力之间的关系。

按第一应力不变量与按第三应力不变量分别计算如下:

$$\varepsilon_v = 0.07561 - 0.015380\ln I_1 \tag{1.23}$$

相关系数 $R = 0.990$。

$$\varepsilon_v = 0.033805 - 0.002572\ln I_3 \tag{1.24}$$

相关系数 $R = 0.996$。

从相关系数来看,按第三应力不变量计算膨胀体积应变与试验结果较相符。表 1.5 列出了泥质砂岩的试验结果。

表 1.5　泥质砂岩的试验结果

σ_z/MPa	σ_r/MPa	$I_1=\sigma_z+2\sigma_r$	$I_3=\sigma_z\sigma_r^2$	ε_z	ε_r	$\varepsilon_v=\varepsilon_z+2\varepsilon_r$
1.6	5.104	11.808	4168.13	0.005102	0.000762	0.006627
1.2	4.718	10.636	2671.14	0.006250	0.000705	0.007660
0.8	4.486	9.772	1609.94	0.007337	0.000670	0.008678
0.4	4.046	8.492	654.80	0.009695	0.000604	0.010904
0.2	3.518	7.362	256.47	0.012807	0.000535	0.013877

根据回归分析结果,可假设各应力之间膨胀应变与三向主应力 σ_x、σ_y、σ_z 之间的关系为

$$
\begin{cases}
\varepsilon_x = A\ln\dfrac{\sigma_0}{\sigma_x} - \mu A\ln\dfrac{\sigma_0}{\sigma_y} - \mu A\ln\dfrac{\sigma_0}{\sigma_z} \\[2mm]
\varepsilon_y = A\ln\dfrac{\sigma_0}{\sigma_y} - \mu A\ln\dfrac{\sigma_0}{\sigma_z} - \mu A\ln\dfrac{\sigma_0}{\sigma_x} \\[2mm]
\varepsilon_z = A\ln\dfrac{\sigma_0}{\sigma_z} - \mu A\ln\dfrac{\sigma_0}{\sigma_x} - \mu A\ln\dfrac{\sigma_0}{\sigma_y}
\end{cases}
\tag{1.25}
$$

式中,A、μ、σ_0 由试验确定,若 $\sigma_x=\sigma_y=\sigma_z$,$\varepsilon_x=\varepsilon_y=\varepsilon_z$,则得

$$
\begin{cases}
\varepsilon_z = A\ln\dfrac{\sigma_0}{\sigma_z} - 2\mu A\ln\dfrac{\sigma_0}{\sigma_r} \\[2mm]
\varepsilon_r = A(1-\mu)\ln\dfrac{\sigma_0}{\sigma_r} - \mu A\ln\dfrac{\sigma_0}{\sigma_z} \\[2mm]
\varepsilon_v = \varepsilon_z + 2\varepsilon_r = A(1-2\mu)\ln\dfrac{\sigma_0^3}{I_3}
\end{cases}
\tag{1.26}
$$

膨胀红砂岩在低应力状态下会产生很大的膨胀体积变形,若约束其变形则会产生很大的膨胀压力,泥质砂岩可测量到 5.104MPa 的侧向膨胀压力,若按复杂应力状态用第三应力不变量换算则高达 7.993MPa,膨胀压力甚至接近岩石的饱和抗压强度。

1.5　主要研究内容

多年来制约膨胀红砂岩水理性及渐进破坏理论发展的主要问题在于:膨胀红砂岩在不同含水率下变形特性、力学特性、强度变化规律未能定量表述;膨胀红砂岩宏观本构模型建立没有考虑含水率的影响;缺乏细观损伤和裂纹扩展的定量试验而难以对损伤特征进行真实描述,无法建立起微观结构变化与宏观力学响应之间的联系。

针对膨胀红砂岩水理性及渐进破坏理论存在的问题,通过开展红山窑膨胀红

砂岩的膨胀特性宏观和细观试验和膨胀本构关系模型的理论分析,研究膨胀红砂岩的水理性质以及渐进破坏规律。具体内容如下:

（1）通过对红山窑膨胀红砂岩的变形特性试验,测出不同风化程度的膨胀红砂岩的自由膨胀率、有侧限膨胀率及膨胀变形随吸水率的变化规律。

（2）通过对红山窑膨胀红砂岩的力学性质指标试验方法,得出膨胀力随吸水率变化以及膨胀力与膨胀变形的规律,测出不同风化程度的膨胀红砂岩弹性模量、变形模量、抗压强度、抗剪强度及不同风化程度膨胀红砂岩抗压强度和抗剪强度随吸水率的变化。

（3）通过对红山窑膨胀红砂岩的湿化试验和崩解试验,分析膨胀红砂岩湿化膨胀机理,测出岩石的崩解量、崩解指数、崩解时间和崩解状况。

（4）在上述试验的基础上,运用岩土弹塑性理论知识,推导基于湿度应力场理论弹性模量和泊松比随吸水率变化而变化的膨胀红砂岩非饱和湿度场弹塑性耦合本构模型。在所建模型的基础上,开发出膨胀问题的三维有限元计算程序,对红山窑膨胀红砂岩的膨胀率和现场荷载试验进行数值模拟,从而验证所做试验的科学性、所建模型的正确性。

（5）通过膨胀红砂岩单轴压缩试验、膨胀红砂岩单轴细观损伤演化试验,分析在不同吸水率下膨胀红砂岩强度和变形随吸水率变化的关系。同时着重分析在不同吸水率下膨胀红砂岩微裂纹损伤演化与宏观力学响应之间的规律。

（6）应用断裂力学理论、细观损伤力学理论,依据 Geo-image 程序对膨胀红砂岩细观结构图片量化处理信息,定义损伤变量,推导出峰值应变前的膨胀红砂岩损伤本构方程。从宏观损伤力学理论出发,依据膨胀红砂岩全应力-应变曲线,分析膨胀红砂岩应变软化特性的内在原因,在前人的基础上推导出峰值应变后的膨胀红砂岩损伤本构方程。通过与单轴试验结果及其他本构模型的比较分析,验证了该本构方程的正确性、合理性和先进性。

（7）基于红山窑水利枢纽地基处理工程开展现场剪切试验、地基荷载试验以及现场膨胀率试验,将室内以及现场试验得出的规律理论应用于工程实际,最终确定地基处理方案。开发出三维非饱和湿度应力场弹塑性耦合有限元程序USHS-3D. FOR,将模拟结果与现场试验结果进行比较,验证了选取的地基处理方案是安全可靠的。

参 考 文 献

[1] Bear J. 地下水水力学. 北京:地质出版社,1985.

[2] 孙长龙,殷宗泽,王福升,等. 膨胀土性质研究综述. 水利水电科技进展,1995,(6):10~14.

[3] 李洪玉,廖世文,Williams D J. 土吸力及其在膨胀中的应用//全国首届膨胀土科学研讨会,

成都,1990.

[4] 廖世文,曲永新,朱永林.膨胀岩土与地下工程//全国首届膨胀土科学研讨会,成都,1990.

[5] 董新平.铁路膨胀岩隧道施工技术研究.铁道工程学报,2001,18(1):58～61.

[6] 龚壁卫,程展林,郭熙灵,等.南水北调中线膨胀土工程问题研究与进展.长江科学院院报,2011,28(10):134～140.

[7] 张加桂,曲永新.三峡库区膨胀土的发现和研究.岩土工程学报,2001,23(6):724～727.

[8] 王小军.膨胀岩的判别与分类和隧道工程.中国铁道科学,1994,(4):79～86.

[9] 何山,朱珍德,王思敬.膨胀岩的判别与分类方法探讨.水利水电科技进展,2006,26(4):62～64.

[10] 刘绍军.岩土分类方法探讨.湖南水利水电,1998,(2):19～20.

[11] Holtz W G,Gibbs H J. Engineering properties of expansive clays. Theoretical Biology & Medical Modeling,1956,8(1):269～276.

[12] Yang J,Yang Z,Zhang G,et al. Experimental research on the mixed sand ratio and initial dry density of weathered sand improved expansive soil free load swelling rate. Engineering Sciences,2014,(3):77～82.

[13] Asszonyi C,Richter R. The Continuum Theory of Rock Mechanics. Zurich:Trans Tech Publications,1979.

[14] Wittke W,Pierau B. Fundamentals for the design and construction of tunnels in swelling rock//The Fourth International Congress on Rock Mechanics,Montreux,1979.

[15] Shen Z J. Reduced suction and simplified consolidation theory for expansive soils//First International Conference on Unsaturated Soils,Paris,1995.

[16] Huang S,Aughenbaugh N,Rockaway J. Swelling pressure studies of shales. International Journal of Rock Mechanics and Mining Sciences,1986,23(5):371～377.

[17] Einstein H. Suggested methods for laboratory testing of argillaceous swelling rocks. International Journal of Rock Mechanics and Mining Sciences,1989,26(5):415～426.

[18] 于学馥.地下工程围岩稳定分析.北京:煤炭工业出版社,1983.

[19] 杨庆,吴有训.膨胀岩工程性能的研究现状.勘察科学技术,1993,(2):35～38.

[20] 迪克 J C.泥岩耐久性的岩性控制.张颖钧,译.铁路地质与路基,1994,22(2):40～47.

[21] 李青云,王幼麟.某些岩土湿化特性的试验研究//第四届全国工程地质大会,北京,1992.

[22] 李志安.粘性土湿化性状的改良研究.兰州铁道学院学报,1996,15(13):24～29.

[23] 阿特韦尔 P B.工程地质学原理.成都地质学院工程地质教研室,译.北京:中国建筑工业出版社,1982.

[24] 蒋忠信.百色盆地膨胀岩的特性与堑坡工程.铁道工程学报,1996,13(2):221～230.

[25] 蒋忠信,冯升龙,韩会增,等.百色盆地膨胀岩强度试验条件效应的研究.中国地质灾害与防治学报,1994,1:42～50.

[26] 中华人民共和国建设部. GB 50021—2001 岩土工程勘察规范.北京:中国建筑工业出版社,2009.

[27] 中华人民共和国水利部. SL 237—1999 土工试验规程.北京:中国水利电力出版

社,1999.

[28] 刘特洪. 工程建设中的膨胀土问题. 北京:冶金工业出版社,1995.

[29] Castelli M,Scavia C. A mechanical model for the analysis of planar landlides in swelling marls//Proceedings of the Fifth International Conference on Soil Mechanics and Geothechnical Engineering,Istanbul,2001.

[30] Komornik A,David D. Prediction of swelling pressure of clays. Journal of the Soil Mechanics and Foundations Division,1969,95(1):209~226.

[31] Komornik A,Zeitlen J G. Laboratory determination of lateral and vertical stresses in compacted swelling clay. Journal of Materials,1970,(1):108~109.

[32] Krohn C E,Thompson A H. Fractal sandstone pores:Automated measurements using scanning-electron-microscope images. Physical Review,1986,33(9):6366~6374.

[33] 陈宗基. 地下巷道长期稳定性的力学问题. 岩石力学与工程学报,1982,(1):17~26.

[34] Franklin J A. A ring swell test for measuring swelling and shrink age characteristics. International Journal of Rock Mechanics and Mining Sciences,1984,21(3):113~121.

[35] 孙钧,李成江,等. 复合膨胀渗水围岩:隧洞支护系统的流变机理及其粘弹塑性效应//第一届全国岩土力学数值计算及模型试验研讨会,吉安,1988.

[36] 刘振明. 试论膨胀土的力学分析方法//第三届全国岩土力学数值分析与解析方法讨论会,珠海,1988.

[37] 国际岩石力学学会. 岩石力学试验建议方法. 上册. 北京:煤炭工业出版社,1987.

[38] Komine H,Ogata N. Experimental study on swelling characteristics of sand-bentonite mixture for nuclear waste disposal. Soils and Foundations,1999,39(2):83~97.

[39] Komine H. Evaluation of swelling characteristics of buffer and backfill materials considering the exchangeable cations compositions of bentonite and its applicability//Proceedings of the Fifth International Conference on Soil Mechanics and Geothechnical Engineering,Nagoya,1985.

[40] Davison L R,Atkinson J H. Continuous loading odometer testing of soils. Quarterly Journal of Engineering Geology and Hydrogeology,1990,23(1):347~355.

[41] Dakshanamurthy V,Fredlund D G,Rahardjo H. Coupled three-dimensional consolidation theory of unsaturated porous media//Proceedings of the 5th International Expansive Soils Conference,Adelaide,1984.

[42] 杨庆,廖国华. 膨胀岩三轴膨胀试验的研究. 岩石力学与工程学报,1994,13(1):22~27.

[43] 张玉军,唐仪兴. 李家窑膨胀岩膨胀性能的试验研究. 岩土力学,1999,20(3):35~40.

[44] 何晓民,徐言勇,黄斌,等. 南水北调中线工程膨胀岩试验研究. 南水北调与水利科技,2008,1:38~41,47.

[45] 刘静德,李青云,龚壁卫. 南水北调中线膨胀岩膨胀特性研究. 岩土工程学报,2011,33(5):826~830.

[46] 赵二平,李建林. 南水北调中线膨胀岩膨胀特性试验研究. 水资源与水工程学报,2015,(1):171~174,178.

[47] Tovey N K. Quantitative analysis of electron micrographs of soil structure//Proceedings of the International Symposium on Soil Structure,Gothenburg,1973:176~184.

[48] Tovey N K,Krinsley D H. Mapping of the orientation of fine grained minerals in soils and sendiments. Bulletin of the International Association of Engineering Geology,1992,46(1): 93~101.

[49] 吴义祥. 工程粘性土微观结构的定量评价. 地球学报,1991,12(2):143~151.

[50] 胡瑞林,李焯芬,王思敬,等. 动荷载作用下黄土的强度特征及结构变化机理研究. 岩土工程学报,2000,2(2):174~181.

[51] 黎文辉. 蒙脱石次微结构变化对水化性能的影响//全国第三届黏土学术讨论会,烟台,2007.

[52] 罗鸿禧,康哲良. 膨胀岩的胀缩与孔径分布的试验研究. 水文地质工程地质,1991,(2): 27~30.

[53] Barla G B,Barla M. Adoption of triaxial testing for the study of swelling behaviour in tunnels. New York Institute of Finance,2001,395(1):936~940.

[54] Thompson A H,Katz A J,Krohn C E. The microgeometry and transport properties of sedimentary rock. Advances in Physics,1987,36(5):625~694.

[55] 王幼麟. 开展软岩工程性质的微观研究. 岩石力学与工程学报,1989,(1):94~100.

[56] 茅献彪,缪协兴. 膨胀岩特性的细观力学试验研究. 采矿与安全工程学报,1995,(1): 60~63.

[57] 朱建民,任天贵. 小官庄铁矿软岩微观特性的实验室研究. 中国矿业,1997,(4):56~60.

[58] 欧孝夺,唐迎春,钟子文,等. 重塑膨胀岩土微变形条件下膨胀力试验研究. 岩石力学与工程学报,2013,32(5):1067~1072.

[59] 司友深. 膨胀岩膨胀特性及抗剪强度参数研究. 郑州:郑州大学硕士学位论文,2010.

[60] 张爱军. 红山窑红砂岩膨胀变形特性试验及本构模型研究. 南京:河海大学硕士学位论文,2003.

[61] 朱珍德,张爱军,张勇,等. 基于湿度应力场理论的膨胀岩弹塑性本构模型. 岩土力学,2004,25(5):700~702.

[62] 陈仲颐,周景星. 土力学. 北京:清华大学出版社,1994.

[63] 周维垣. 高等岩石力学. 北京:水利电力出版社,1990.

[64] 杨庆,廖国华,吴顺川. 膨胀岩三维膨胀本构关系的研究. 内蒙古科技大学学报,1996,14(3):33~38.

[65] Gysel M. Design methods for structure in swelling rock//Proceedings of the 6th International Conference on Rock Mechanics,Rotterdam,1987.

[66] 孙均,张德兴,李成江. 渗水膨胀粘弹塑性围岩压力隧洞的耦合蠕变效应. 同济大学学报,1984,(2):4~16.

第2章　膨胀红砂岩水理性试验研究

2.1　概　　述

南京市红山窑水利枢纽工程是20世纪70年代中期修建的,设计标准低、技术基础差,且经过30年的运行,工程内部出现大量的缺陷,需在原址重建水利枢纽工程[1]。红山窑水利枢纽工程的主要持力层是膨胀红砂岩,与其他的一般膨胀岩相比,该膨胀红砂岩蒙脱石含量更高,相应的吸水膨胀变形量也更大;同时,此膨胀红砂岩大部分是强风化砂岩和中风化砂岩,膨胀能力随着岩石内风化的逐渐加强会发生相应的改变,在含水情况下极易发生崩解。对于性质更加复杂的膨胀红砂岩进行水理性试验研究,得出可靠的变形、强度随吸水率变化规律及湿化机理具有重要理论及工程意义。

本章采用在红山窑水利枢纽工程中采集的试样,测定膨胀红砂岩的基本物理性质;通过 MTS815.02 岩石力学刚性伺服试验机与自行研制的岩石膨胀仪进行红砂岩膨胀变形特性试验。通过膨胀力试验,探讨膨胀力随吸水率的变化规律、膨胀力与膨胀应变的关系,分别得出数学关系拟合曲线和膨胀力学参数的变化规律;通过膨胀率试验,分析在一定荷载下初始含水率对膨胀力的影响,并建立膨胀变形与时间的关系模型。膨胀岩的抗压强度及抗剪强度既有一般岩石的共性,又表现出典型的强度变化特性[2]。针对红山窑水利枢纽工程中的膨胀红砂岩,采用 RMT-150B 多功能刚性岩石伺服试验机对不同含水率状态下的膨胀红砂岩进行单轴抗压强度试验和直剪试验,得出受吸水率影响的力学参数变化规律。对不同风化程度的膨胀红砂岩湿化过程影响因素及湿化强度影响因素进行室内试验,探讨膨胀红砂岩的湿化机理。

通过对膨胀红砂岩水理性试验研究,以期了解膨胀红砂岩在湿度场下的应力-应变关系,为建立包含吸水率因素的膨胀红砂岩本构模型奠定基础。

2.2　膨胀红砂岩的物理特性

2.2.1　密度试验

岩石单位体积(包括岩石中孔隙体积)的质量定义为岩石的密度。膨胀红砂岩密度的测定用量积法。

首先将试样加工成圆柱体,试样加工精度满足下列要求:

(1) 沿整个试样高度方向的直径(或边长)相差不超过 0.3mm。

(2) 两端面不平整度最大不超过 0.05mm。

(3) 两端面应垂直试样轴线,最大偏差不超过 0.25°。

(4) 立方体或正方体试样,相邻两面应互相垂直,最大偏差不超过 0.25°。

(5) 每组试样制备 3 块,不允许缺棱掉角。测量互相垂直的两个直径或边长,精确至 0.01mm,取其平均值作为边长或直径,在试样周边均匀分布的四点和中部一点(共五个点)测量试样的高,测量准确至 0.01mm,取其平均值作为试样的高,并计算出试样的体积 V;将试样在 105～110℃温度下连续烘干 12h;然后,放在干燥器中冷却至室温,称取试样的干质量 m_s,精确至 0.01g。

按式(2.1)计算岩石块体干密度:

$$\rho_d = \frac{m_s}{V} \tag{2.1}$$

式中,ρ_d 为试样的块体干密度(g/cm^3);m_s 为试样的干质量(g);V 为试样的体积(cm^3)。

对于全风化膨胀红砂岩采用环刀法结合注水法测定干密度。用量积法测得的强风化和弱风化膨胀红砂岩的干密度、湿密度平均试验值见表 2.1。

表 2.1　膨胀红砂岩干密度、湿密度平均试验值

试样组别	强风化	弱风化
干密度/(g/cm^3)	1.85	1.90
湿密度/(g/cm^3)	2.10	2.15

2.2.2　含水率试验

岩石含水率是岩石试样在 105～110℃温度条件下烘干后失去水分的质量与烘干试样质量之比,以百分数表示。取保持原含水状态的岩石试样 5 块,每块质量至少 50g,且体积不小于 60cm^3。在室温条件下称取清洁、干燥的蒸发皿质量 m_1;将保持原含水状态的岩石试样置于蒸发皿中,并称取皿加样的质量 m_2;将盛试样的蒸发皿放入烘箱中,在 105～110℃温度条件下烘干 8～12h;从烘箱中取出盛样皿,待冷却至室温时称取皿加干试样质量 m_3。

按式(2.2)计算含水率:

$$W_0 = \frac{m_2 - m_3}{m_3 - m_1} \times 100\% \tag{2.2}$$

式中,W_0 为含水率(%);m_1 为蒸发皿质量(g);m_2 为皿加原含水状态试样的质量(g);m_3 为皿加干试样质量(g)。

测得的膨胀红砂岩含水率试验值见表 2.2。

表 2.2　膨胀红砂岩含水率试验值

试样组别	1	2	3	4	5	平均值
含水率/%	15.02	14.91	15.37	14.64	15.07	15.0

2.2.3　比重试验

岩石比重是岩土在 105℃温度下烘干至恒重后,岩石烘干后质量与同岩石体积相同的 4℃纯水质量的比值。本试验采用比重瓶法,按式(2.3)计算膨胀岩比重:

$$G_s = \frac{m_d}{m_{bw} + m_d - m_{bws}} G_{iT} \tag{2.3}$$

式中,m_d 为烘干试样的质量(g);m_{bw} 为比重瓶、水总质量(g);m_{bws} 为比重瓶、水、试样总质量(g);G_{iT} 为 T℃时纯水的比重。

水的比重可查物理手册,膨胀红砂岩比重试验值见表 2.3。

表 2.3　膨胀红砂岩比重试验值

试样组别	全风化	强风化	中风化	弱风化
比重	2.68	2.69	2.69	2.69

2.3　膨胀红砂岩膨胀力学特性试验研究

2.3.1　膨胀力变化规律研究

膨胀红砂岩浸水会发生膨胀,如果这种膨胀变形受到限制则必然产生膨胀力。朱珍德等[3]在研究非饱和土膨胀力与吸力的关系中认为膨胀力是吸力的反作用力。研究膨胀红砂岩的膨胀力对深入研究膨胀红砂岩的变形和强度都是很有价值的。然而,影响膨胀红砂岩膨胀力的因素很多,诸如膨胀红砂岩的矿物成分、结构、孔隙比、吸水率、密度、应力历史等都对膨胀力产生影响。针对红山窑水利枢纽工程实际,作者就膨胀红砂岩的初始含水率、吸水率和荷载等对膨胀力的影响进行相应的试验研究。膨胀力的测定是在改装的固结仪上进行的,膨胀红砂岩压入特制的厚壁钢环内,上下均用透水石覆盖并浸水,同时加载保持岩样的体积不变直至稳定,这样可以测得膨胀红砂岩浸水后产生的膨胀力。

试验时,将烘干后的试样放到特制的壁厚为 10mm 的钢环中,置于施加反力的装置上(图 2.1)。按不同吸水率(3%、6%、9%、12%、15%、饱和)向试样加水测试膨胀力。试验结果如表 2.4 和图 2.2 所示。

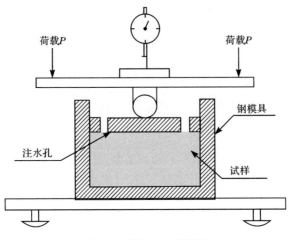

图 2.1　膨胀力试验装置

　　由试验结果可以看出,试样在不同吸水率下膨胀力试验结果可以用对数关系表示,即

$$p=61.39\ln\omega+356.65 \tag{2.4}$$

表 2.4　膨胀力-吸水率试验结果

吸水率/%	3	6	9	12	15	饱和
膨胀力/kPa	153	184	197	210	247	269

　　图 2.2 表明,膨胀力随吸水率的增加而增大,吸水率 $\omega\in[0,6\%]$ 时膨胀力增长率(增加梯度)较大,随后至试样吸水饱和膨胀力增长率相对平缓。从而也说明,只要将红砂岩初始吸水率控制在不低于 6% ,那么膨胀红砂岩由吸水引起的膨胀力就不会过大,相应地膨胀红砂岩膨胀率也不会过大。

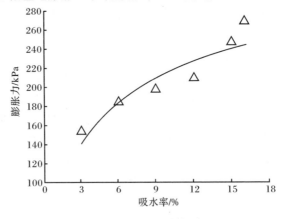

图 2.2　膨胀力-吸水率关系

2.3.2　膨胀力与膨胀变形的规律研究

传统的膨胀理论认为膨胀稳定应变 ε_u 与轴向荷载 σ_z 的对数之间存在半对数线性关系,即

$$\varepsilon_u = a\ln\sigma_z + b \tag{2.5}$$

为了在方程中表示出最大膨胀压力 σ_z^0,本节给出下面两种形式:

$$\begin{cases} \varepsilon_u = a\left(1 - \dfrac{\ln\sigma_z}{\ln\sigma_z^0}\right) \\ \varepsilon_u = a\ln\left(\dfrac{\sigma_z}{\sigma_z^0}\right) \end{cases} \tag{2.6}$$

式中,σ_z 必须小于最大膨胀压力 σ_z^0。若 σ_z 大于最大膨胀压力 σ_z^0 时,稳定应变 ε_u 与轴向荷载 σ_z 之间有何规律? 作者按照 350kPa→200kPa→100kPa→50kPa 的加载路径,探讨这一规律。所得试验结果如图 2.3 所示,试验结果拟合曲线如图 2.4 所示。

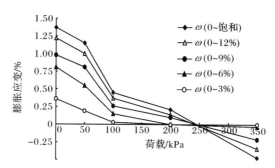

图 2.3　荷载-膨胀应变试验曲线

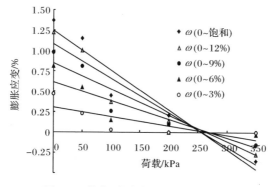

图 2.4　荷载-膨胀应变拟合关系曲线

由图 2.3 和图 2.4 可见,膨胀稳定应变 ε_u 与轴向荷载 σ_z 之间呈近似线性关

系,线性拟合结果见表 2.5。由图 2.3 和表 2.5 可以看出,100kPa 左右的荷载对膨胀率的影响较大;线性拟合的直线几乎交于一点,这一点即各自的膨胀力;当吸水率较低(小于 6%)、上覆荷载较小(小于膨胀力)时,用传统的半对数拟合效果较好;当吸水率较高(大于 6%)、上覆荷载较大(大于膨胀力)时,用线形拟合效果较好。

表 2.5　膨胀力-膨胀应变回归参数值

吸水率 /%	回归系数		线性 相关系数	对数 相关系数
	a	b		
3	−0.0011	0.3055	0.59	0.91
6	−0.0023	0.6145	0.73	0.88
9	−0.0032	0.8473	0.86	0.70
12	−0.0042	1.0809	0.90	0.72
饱和	−0.0049	1.2464	0.92	0.71

2.3.3　膨胀力力学参数变化规律研究

膨胀红砂岩吸水后发生膨胀,膨胀后其结构会发生改变,相应的强度、变形模量、弹性模量也会改变。关于弹性参数与吸水率的研究,实质上是要给出膨胀红砂岩的软化特性。

本次试验研究不同荷载(0、100kPa、200kPa)、不同吸水率(0、3%、6%、9%、12%、饱和)情况下岩石经有侧限膨胀试验(图 2.5)后的力学指标变化规律。将膨胀后的试样放到 RMT150B 刚性伺服试验机上做抗压强度试验,得到抗压强度、变形模量、弹性模量、泊松比及应力-应变关系曲线。

图 2.5　有侧限膨胀试验实景图

　　图 2.6 和图 2.7 分别给出了膨胀红砂岩试样有侧限膨胀后的抗压强度、弹性模量与吸水率的关系曲线。图 2.8 给出荷载为 100kPa 时膨胀红砂岩试样经有侧限膨胀后的弹性模量 E 和泊松比 μ 的试验结果。图 2.9 给出荷载为 100kPa 时膨胀红砂岩试样经有侧限膨胀后的弹性模量梯度 dE 和泊松比梯度 $d\mu$ 的试验结果。

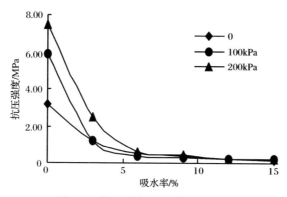

图 2.6　抗压强度-吸水率关系曲线

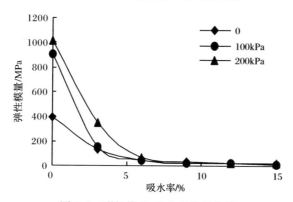

图 2.7　弹性模量-吸水率关系曲线

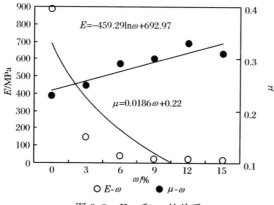

图 2.8　E、μ 和 w 的关系

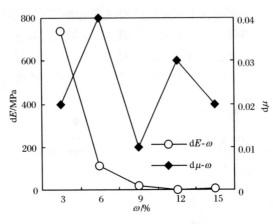

图 2.9　dE、dμ 和 ω 的关系

　　利用最小二乘法拟合弹性模量、泊松比、抗压强度与吸水率的关系,得线性回归方程,回归值见表 2.6。

$$E = a\ln\omega + b, \quad \omega \in [0,15] \tag{2.7}$$

$$\mu = a\omega + b, \quad \omega \in [0,15] \tag{2.8}$$

$$\sigma = a\ln\omega - b \tag{2.9}$$

表 2.6　弹性模量、泊松比、抗压强度与吸水率回归参数值

轴向荷载 /kPa	$E = a\ln\omega + b$			$\mu = a\omega + b$			$\sigma = a\ln\omega - b$		
	回归系数		相关系数	回归系数		相关系数	回归系数		相关系数
	a	b		a	b		a	b	
0.00	−205.12	330.92	0.92	0.0197	0.21	0.95	1.6487	2.7362	0.95
50.00	−321.47	546.89	0.89	0.0192	0.21	0.91	2.1043	3.6784	0.90
100.00	−459.29	692.97	0.90	0.0186	0.22	0.95	2.9679	4.6394	0.94
200.00	−552.76	859.96	0.93	0.0173	0.23	0.94	3.9914	6.3051	0.95
350.00	−669.10	981.42	0.92	0.0161	0.25	0.93	5.3490	7.5685	0.91

　　从图 2.8 可得,其泊松比可近似看作呈线性增加,即随吸水率增加膨胀红砂岩越来越松散;从图 2.9 可以看出,弹性模量梯度 dE 和泊松比梯度 dμ 在吸水率为 3% 左右时变化最为敏感。弹性模量下降和泊松比上升均为膨胀红砂岩吸水软化现象的明显特征。

2.4　膨胀红砂岩变形特性试验研究

2.4.1　原岩自由膨胀率试验

本试验借鉴国际岩石力学学会(The International Society for Rock Mechanics,ISRM)推荐的膨胀岩自由膨胀率试验方法,在此基础上略有改进。将制好的标准岩样(径高比为 1∶2),放入烘箱控制在(105±2)℃的温度条件下烘干 24h。然后,装入塑料袋内,用抽气机排尽气体,使塑料袋与岩样紧密接触,用排水法测体积 V_0。用塑料膜包裹后,将试样放到支架上(图 2.10、图 2.11),按比例加入不同的水量,同时测度岩样轴向变形量,得到膨胀稳定后的轴向变形量。膨胀稳定完成后,同样用抽气法测得膨胀稳定后的体积 V_{end}。

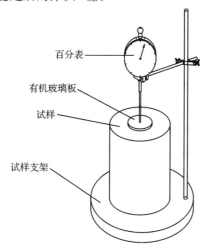

百分表

有机玻璃板

试样

试样支架

图 2.10　自由膨胀率试验装置

图 2.11　自由膨胀率试验实景

轴向膨胀应变计算公式为

$$\varepsilon_{ax}=\frac{\delta_{ax}}{h_0}\qquad(2.10)$$

式中，δ_{ax} 为轴向位移；h_0 为岩样的初始高度。

体积膨胀率计算公式为

$$V_{expend}=\frac{V_{end}-V_0}{V_0-\lambda}\qquad(2.11)$$

式中，V_{end} 为膨胀稳定后的体积；V_0 为岩样的初始体积；λ 为塑料袋的体积。在试验中取 5 种吸水率状态，分别为 3%、6%、9%、12%和饱和状态，量测不同风化程度原岩的自由膨胀率，其试验结果见表 2.7。不同风化程度原岩的自由膨胀率与含水率关系曲线如图 2.12 所示。

表 2.7　不同风化程度原岩自由膨胀率的试验结果

风化原岩	强风化					中风化					弱风化				
吸水率/%	3	6	9	12	饱和	3	6	9	12	饱和	3	6	9	12	饱和
自由膨胀率/%	0.70	1.33	1.53	2.27	4.03	0.67	1.37	1.49	2.01	3.35	0.65	1.29	1.38	1.85	3.14

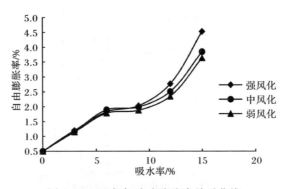

图 2.12　吸水率-自由膨胀率关系曲线

2.4.2　原岩有侧限膨胀特性试验

1. 原岩有侧限膨胀率试验

将制好的标准岩样(径高比为 1∶2)，放入烘箱控制在(105±2)℃的温度条件下烘干 24h。然后，装入塑料袋内，用抽气机排尽气体，使塑料袋与岩样紧密接触，用排水法测体积 V_0。用塑料膜包裹，按比例加入不同的水量，同时将岩样放入施加侧限的钢模具中(图 2.13、图 2.14)，测度岩样轴向变形量，得到膨胀稳定后的轴向变形量，用式(2.10)计算轴向膨胀应变。

在试验中，取 5 种吸水率状态，分别为 3%、6%、9%、12%和饱和状态，量测不同风化程度原岩的有侧限膨胀率,其试验结果见表 2.8。不同风化程度原岩的自由膨胀率与吸水率关系曲线如图 2.15 所示。

表 2.8　不同风化程度原岩有侧限膨胀率试验结果

风化原岩	强风化					中风化					弱风化				
吸水率/%	3	6	9	12	饱和	3	6	9	12	饱和	3	6	9	12	饱和
有侧限膨胀率/%	0.43	0.84	1.01	1.19	1.61	0.41	0.81	0.98	1.11	1.42	0.39	0.80	0.96	1.07	1.35

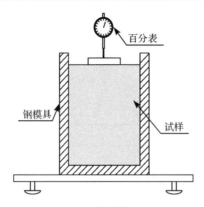

图 2.13　有侧限膨胀试验装置

图 2.14　有侧限膨胀试验实景

2. 膨胀应变与吸水率的关系

现场取样并加工成 $\phi70\text{mm}\times20\text{mm}$ 的试样,尺寸误差控制在 $\pm0.5\text{mm}$ 以内,将试样烘干后,记录在不同荷载情况下的吸水率 ω 及其所对应的膨胀应变 ε,如表 2.9 和图 2.16 所示;图 2.17 表示不同吸水率条件下荷载与其所对应的膨胀应变。图 2.18 表示不同荷载情况下吸水率与膨胀应变梯度的关系曲线。

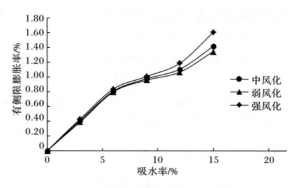

图 2.15　吸水率-有侧限膨胀率关系曲线

表 2.9　吸水率 ω 与膨胀应变 ε 关系

轴向荷载 /kPa	吸水率/%					
	0	3	6	9	12	饱和
0	0.00	0.47	0.81	0.98	1.11	1.42
50	0.00	0.23	0.55	0.81	1.00	1.17
100	0.00	0.03	0.15	0.26	0.37	0.47
200	0.00	0.00	0.00	0.10	0.11	0.23
350	0.00	0.00	−0.03	−0.21	−0.34	−0.47

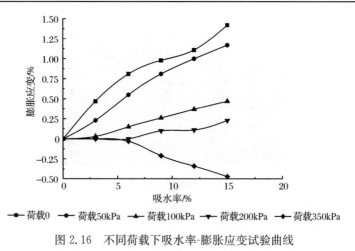

图 2.16　不同荷载下吸水率-膨胀应变试验曲线

由表 2.9、图 2.16、图 2.17 可以得出以下结论：

（1）各个试件的单位吸水膨胀应变（即 ε-ω 曲线斜率）因荷载条件不同会有一定差别：在一定荷载下，尤其是荷载大于 200kPa 时，单位吸水膨胀应变基本保持

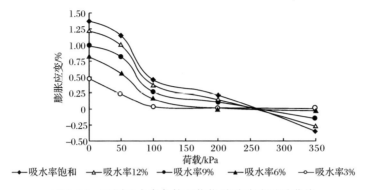

图 2.17　不同吸水率条件下荷载-膨胀应变试验曲线

一定,吸水率增大对单位吸水膨胀率的影响很小。荷载对膨胀应变影响较大,当上部荷载大于 100kPa 时,膨胀变形受到明显限制;上部荷载大于 256kPa 时,甚至会出现负膨胀。

(2) 在低荷载情况下(小于 100kPa),膨胀应变随着吸水率增加大致呈对数增长,吸水率 3％～6％的膨胀梯度较大(图 2.18),由于吸水率受到应力状态的限制,因此膨胀应变也不会无限增长,而是趋于稳定,膨胀应变 ε 与吸水率 ω 之间存在一定程度的对数相关性:$\varepsilon = a\ln(\omega+1)+b$。在高荷载情况下(大于 200kPa),单位吸水膨胀率受荷载和吸水率的影响并不十分显著,也就是说,膨胀应变 ε 与吸水率 ω 之间存在一定程度的线性相关性:$\varepsilon = a\omega$。表 2.10 列出了图 2.18 中不同荷载情况下回归方程的参数值。

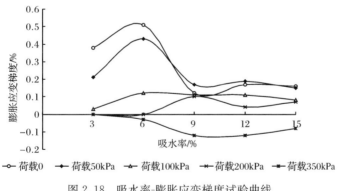

图 2.18　吸水率-膨胀应变梯度试验曲线

3. 膨胀变形与时间的关系

非饱和膨胀岩的膨胀变形既是一个外观现象,也是时变过程。对于变形的时变规律在岩土工程界早已引起专家的关注[4],如岩土的蠕变特性、软土的固结变

表 2.10　吸水率-膨胀应变回归参数值

轴向荷载 /kPa	回归系数		相关系数
	a	b	
0	0.48	−0.08	0.97
50	0.41	−0.14	0.91
100	0.03	—	0.95
200	0.01	—	0.92
350	−0.02	—	0.88

形[5,6]都是随时间不断发展的。对膨胀岩及相关工程而言,它的膨胀变形也是时变过程,或者是渐变过程,最终引起膨胀岩地基不均匀上抬,引起轻型建筑开裂,如图 2.19 所示。对相关边坡变形的不断发展而导致强度损失,引起边坡失稳,因此,探究膨胀红砂岩膨胀变形随时间变化规律对于工程的安全预测极为有利。

膨胀变形试验是在自行设计的有侧限膨胀仪(图 2.13)上完成的。试验所用的岩样是南京红山窑膨胀砂岩。试件吸水膨胀时,膨胀应变 ε 与时间 t 的关系如图 2.20 所示。

图 2.19　红山窑水利枢纽工程建筑物开裂图

从图 2.20 可以看出,试件吸水后,膨胀应变迅速增长,在较短时间,30～60min 内完成总膨胀量的 90%;随着时间的延长,膨胀量增长较小,从而应变最终趋于稳定。整个过程可概化为理想模型(图 2.21),表达为

$$\begin{cases} t = \varepsilon/K_s, & |\varepsilon| < \varepsilon_s \\ t = \varepsilon/K_s + \lambda \mathrm{sign}\varepsilon, & |\varepsilon| < \varepsilon_s \end{cases} \tag{2.12}$$

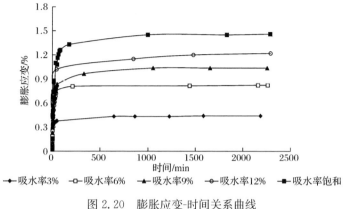

图 2.20 膨胀应变-时间关系曲线

式中，ε 为膨胀轴向变形；K_s 为膨胀速率，与吸水率有关；λ 为一个非负的参数，而

$$\text{sign}\varepsilon = \begin{cases} 1, & \varepsilon > 0 \\ 0, & \varepsilon = 0 \\ -1, & \varepsilon < 0 \end{cases} \quad (2.13)$$

类似地，式(2.13)也可用时间表示为

$$\varepsilon = \begin{cases} K_s t, & |t| \leqslant t_s \\ K_s t_s, & |t| > t_s \end{cases} \quad (2.14)$$

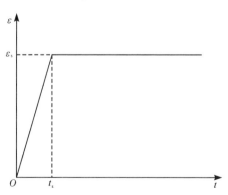

图 2.21 膨胀变形-时间理想化模型

因此，在试验中需确定膨胀稳定时间 t_s 及膨胀速率 K_s，参数的取值见表 2.11，两者与吸水率、轴向荷载之间的关系如图 2.22 和图 2.23 所示。

表 2.11　膨胀应变与时间关系参数值

轴向荷载 /kPa	膨胀速率与 膨胀稳定时间	吸水率/%				
		3	6	9	12	饱和
0	K_s	0.0081	0.0121	0.0151	0.0163	0.0196
	t_s/min	58	67	65	75	70
50	K_s	0.0034	0.0077	0.0105	0.0135	0.0146
	t_s/min	68	71	—	74	79
100	K_s	0.0005	0.0024	—	0.0057	0.0065
	t_s/min	61	63	77	65	69
200	K_s	0.0000	0.0000	0.0039	0.0022	0.0032
	t_s/min	55	57	62	64	66
350	K_s	0.0000	−0.0005	−0.0039	−0.0059	−0.0085
	t_s/min	51	56	54	58	55

由表 2.11、图 2.22、图 2.23 可以看出：

（1）吸水率越大其膨胀应变越大，初始膨胀速率也越大；反之则越小。

（2）垂向荷载作用抑制膨胀变形，当荷载 $\sigma_z > 100\text{kPa}$ 时，抑制作用明显，膨胀速率 K_s 明显减小；当荷载大于膨胀力时，即 $\sigma_z > 256\text{kPa}$ 时，膨胀速率 K_s 为负值，膨胀应变为负值。

（3）岩样吸水率越大，膨胀变形到达稳定的时间 t_s 越长，反之则短。

（4）垂向荷载越小，膨胀变形到达稳定的时间越长。

从图 2.20、图 2.21、图 2.22 可以看出，各个试件的 t_s 值总体上相差不大；而膨胀速率 K_s 较为重要，且受吸水率影响较大，决定了膨胀应变的发展情况。

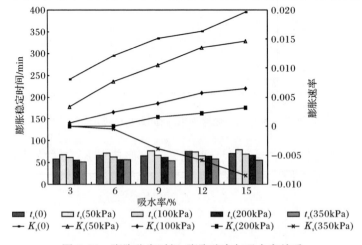

图 2.22　膨胀稳定时间、膨胀速率与吸水率关系

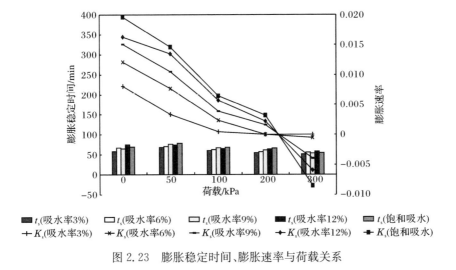

图 2.23 膨胀稳定时间、膨胀速率与荷载关系

2.5 膨胀红砂岩力学性质试验研究

2.5.1 单轴抗压强度试验

本次试验研究 3 种风化(强、中、弱)程度、不同吸水率(0、3%、6%、9%、12%、饱和)情况下岩石经有侧限膨胀后的强度变化关系。将不同吸水率的 6 组膨胀试样放到由中国科学院武汉岩土力学研究所与河海大学岩土工程研究所共同研制、开发的 RMT-150B 岩石刚性伺服试验机(图 2.24)做单轴抗压强度试验(该系统试验功能齐全,除了做三轴压缩试验,还可做单轴压缩、单轴拉伸以及剪切试验等)。得到试样的变形模量、弹性模量、峰值应变等力学参数及全应力-应变关系曲线。

图 2.24 RMT-150B 岩石刚性伺服试验机

　　通过对应力-应变曲线的分析总结,得出膨胀红砂岩在不同吸水率条件下具有代表性的单轴压缩曲线,如图2.25所示。

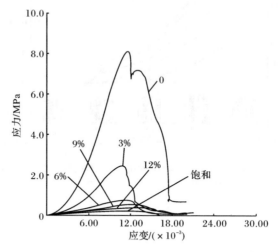

图2.25　不同吸水率条件下的膨胀红砂岩单轴压缩曲线

　　分析不同吸水率条件下的应力-应变曲线可以发现,膨胀红砂岩的应力-应变全过程曲线宏观上包括以下四个阶段:①压密阶段。曲线稍微向上弯曲,此阶段是由细微裂隙的闭合造成的。②弹性阶段。轴向和侧向应力-应变关系是线性的,形状接近直线。③塑性变形阶段。岩石应力-应变关系偏离直线,呈现非线性变形,曲线向下弯曲,直到最大值,应力-应变曲线的斜率随着应力的增加而逐渐降低到零。④破坏阶段。此时的荷载已达到峰值强度,岩石破坏,破坏后的岩石仍具有一定的承载能力,$\sigma\text{-}\varepsilon$曲线的斜率为负值。

　　不同吸水率条件下的曲线也体现了显著的不同之处:①整体的应力-应变曲线形状几乎一致,都经历了压密阶段、弹性阶段和塑性阶段,即总的变化趋势是相同的;但随着吸水率的增大,压密段越来越长,曲线越来越缓;②当吸水率增大时,直线段的斜率降低,说明弹性模量随着吸水率的增大而降低;③吸水率超过5%以后,峰值强度已明显减小,说明吸水率对强度的影响很大;④峰值应变、最终应变都随着吸水率的增大呈现增大的趋势,当吸水率较小时,试样的压缩曲线离散性较大,究其原因是膨胀红砂岩试样脆性减弱而延性增强。

　　试验得出一系列力学参数,整理见表2.12。

表 2.12 不同吸水率条件下膨胀红砂岩单轴抗压力学性质参数

吸水率/%	峰值强度/MPa	弹性模量/MPa	变形模量/MPa	峰值应变/($\times 10^{-3}$)
0	7.44	972	481	10.2
3	2.70	380	188	11.3
6	0.77	85	61	11.5
9	0.40	32	26	11.8
12	0.24	22	22	12.4
饱和(13.5)	0.22	18	18	13.6

为了进一步分析岩石力学特性参数与吸水率之间的定量变化关系,运用函数表达式定量地进行拟合,结果如图 2.26 和图 2.27 所示。

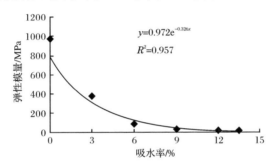

$$y = 0.972e^{-0.326x}$$
$$R^2 = 0.957$$

图 2.26 弹性模量随吸水率变化拟合图

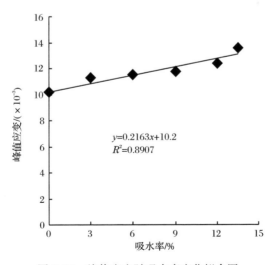

$$y = 0.2163x + 10.2$$
$$R^2 = 0.8907$$

图 2.27 峰值应变随吸水率变化拟合图

从图 2.26 和图 2.27 可看出,膨胀红砂岩弹性模量、峰值应变随吸水率变化分别呈指数、线性函数趋势变化,拟合程度相当高,相关系数都达到了 0.89 以上,充分说明膨胀红砂岩遇水后宏观力学特性变化的本质规律。因此,在建立膨胀红砂岩的本构关系时必须考虑水对膨胀红砂岩具有强烈地劣化作用,并在本构方程中引入吸水率变量,这才能全面而深刻地反映在各种复杂工程条件下膨胀红砂岩的实际强度和变形。

为了方便后面章节中损伤本构方程推导时的引用比较,由试验结果经过以上拟合分析得到弹性模量、峰值应变与吸水率的定量关系:

$$E_\omega = E_0 e^{k\omega} \tag{2.15}$$

$$\varepsilon_\omega^f = \varepsilon_0^f + a\omega \tag{2.16}$$

式中,E_ω 和 ε_ω^f 表示吸水率为 ω 时膨胀红砂岩的单轴压缩弹性模量和峰值应变;E_0 和 ε_0^f 表示膨胀红砂岩在干燥状态(吸水率为 0)下的单轴压缩弹性模量和峰值应变;ω 为膨胀红砂岩的吸水率(一般取 0～13.5%);k 和 a 为函数拟合系数。

2.5.2　抗剪强度试验

膨胀红砂岩的抗剪强度变化与结构、吸力等因素的变化密切相关,同时与膨胀红砂岩所处的状态、外部压力和环境有关。如何认识和研究膨胀红砂岩,是工程界所关注的问题之一。对于膨胀土抗剪强度的研究成果已有很多[7～11],本节在已有对膨胀土研究成果的基础上,采用常规方法对膨胀红砂岩进行强度特性研究。针对红山窑水利枢纽的膨胀红砂岩,采用 RMT-150B 岩石刚性伺服试验机对不同吸水率状态下的膨胀红砂岩进行直接剪切试验。

本试验研究不同吸水率状态下膨胀红砂岩的剪切强度特性,得到不同吸水率状态下的膨胀红砂岩剪切强度参数凝聚力 c 和内摩擦角 φ。共制样 4 组,各组分别为不同的吸水状态。每组试样 12 个,在 100kPa、300kPa、400kPa 和 600kPa 四种压力状态下做直接剪切试验。根据所提供的原膨胀红砂岩岩芯本身条件,先将其截成 $\phi70mm \times 125～145mm$ 的试件,然后放在 $150mm \times 150mm \times 150mm$ 的模子中央,再浇上 C30 的混凝土,最后形成 $150mm \times 150mm \times 150mm$ 的试验试件。养护 28 天后做直剪试验。剪切过程中采用位移控制模式,剪切速率为 0.2mm/s。预估出破坏时可能出现的最大位移,以此作为位移的上限值。以一定速率施加法向荷载,并保持不变,然后施加水平荷载,直至试件剪坏。

试验采用莫尔-库仑准则[7]计算膨胀红砂岩的抗剪强度参数 c 和 φ,即

$$\tau = c + \sigma\tan\varphi \tag{2.17}$$

对每一试件剪切面上的正应力 σ 和剪应力 τ 按式(2.19)计算:

$$\begin{cases} \sigma = \dfrac{N}{A} \\ \tau = \dfrac{T}{A} \\ A = lb \end{cases} \tag{2.18}$$

式中，T 为最大剪切力；N 为法向力；A 为试件剪切面面积；l、b 分别为试件长度、宽度；τ 为最大剪应力；σ 为法向应力；c 为凝聚力；φ 为内摩擦角。对于每组试验得到的不同法向应力下的峰值剪应力，根据莫尔-库仑准则，采用最小二乘法拟合出剪切强度线 $\tau = c + \sigma\tan\varphi$，进而得出抗剪强度参数凝聚力 c 和内摩擦角 φ。

对每种法向压应力状态下不同试件的剪切强度取均值作为该压应力下的剪切强度，膨胀红砂岩剪切破坏后的破损面如图 2.28 所示。试验所得不同吸水状态的膨胀红砂岩原岩的抗剪强度及相应的强度参数见表 2.13。图 2.29～图 2.32 为试验所得的直剪结果及相应的强度曲线。

（a）相对干燥状态下　　　　　　　　　（b）相对潮湿状态下

图 2.28　膨胀红砂岩剪切破坏后的破损面

表 2.13　不同吸水率状态下膨胀红砂岩原岩的抗剪强度参数值

吸水率/%	6.3				8.7			
法向应力 σ/kPa	100	300	400	600	100	300	400	600
剪切应力 τ/kPa	207.1	326.3	372.5	540.6	135.2	264.9	315.2	420.1
内摩擦角 φ/(°)	—	—	33.4	—	—	—	29.5	—
凝聚力 c/kPa	—	—	130.9	—	—	—	85.3	—
吸水率/%	11.2				15.9			
法向应力 σ/kPa	100	300	400	600	100	300	400	600
剪切应力 τ/kPa	127.7	213.3	256.7	382.7	70.0	162.1	224.5	288.6
内摩擦角 φ/(°)	—	—	26.9	—	—	—	24	—
凝聚力 c/kPa	—	—	67.6	—	—	—	30.8	—

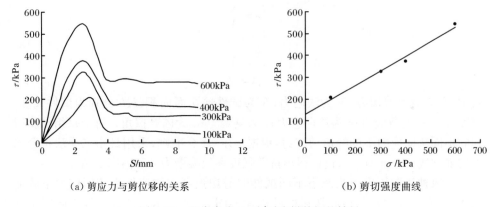

（a）剪应力与剪位移的关系 （b）剪切强度曲线

图 2.29 吸水率为 6.3% 时岩样剪切的结果

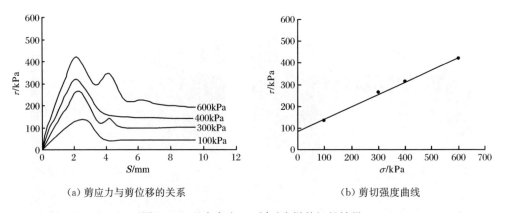

（a）剪应力与剪位移的关系 （b）剪切强度曲线

图 2.30 吸水率为 8.7% 时岩样剪切的结果

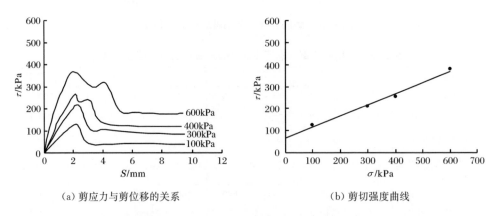

（a）剪应力与剪位移的关系 （b）剪切强度曲线

图 2.31 吸水率为 11.2% 时岩样剪切的结果

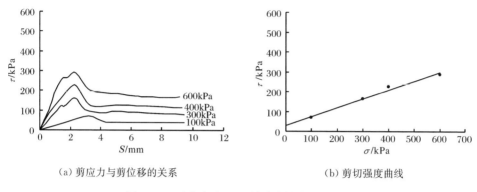

（a）剪应力与剪位移的关系　　　　　　（b）剪切强度曲线

图 2.32　吸水率为 15.9% 时岩样剪切的结果

在试验过程中,分别测得 4 组膨胀岩样的平均吸水率分别为 6.3%、8.7%、11.2% 和 15.9%。对这 4 组岩样的直剪试验结果进行回归分析得到 4 组强度曲线方程分别为

$$\tau_{f1} = 130.9 + \sigma_n \tan 33.4° \tag{2.19}$$
$$\tau_{f2} = 85.3 + \sigma_n \tan 29.5° \tag{2.20}$$
$$\tau_{f3} = 67.6 + \sigma_n \tan 26.9° \tag{2.21}$$
$$\tau_{f4} = 30.8 + \sigma_n \tan 24.0° \tag{2.22}$$

由图 2.29～图 2.32 以及方程(2.19)～方程(2.22)可以发现,膨胀红砂岩的抗剪强度指标强烈地依赖于吸水率,随着吸水率的增加,无论凝聚力、内摩擦角还是残余强度都会明显降低。当试件的吸水率从 6.3% 增加到 8.7%,即增加 38% 时,其凝聚力从 130.9kPa 下降到 85.3kPa,即下降 35%,内摩擦角从 33.4° 下降到 29.5°,即下降 12%;当试件的吸水率从 8.7% 增加到 11.2%,即增加 29% 时,其凝聚力从 85.3kPa 下降到 67.6kPa,即下降 21%,内摩擦角从 29.5° 下降到 26.9°,即下降 9%;当试件的吸水率从 11.2% 增加到 15.9%,即增加 42% 时,其凝聚力从 67.6kPa 下降到 30.8kPa,即下降 54%,内摩擦角从 26.9° 下降到 24°,即下降 11%。可见吸水率的增加对凝聚力的影响比对内摩擦角的影响要大得多,而且吸水率的变化幅度越大影响越明显。通过线性回归分析得到膨胀红砂岩的凝聚力 c 和内摩擦角 φ 与吸水率 ω 之间具有良好的对数关系,$\lg c$ 和 $\lg \varphi$ 与吸水率 ω 之间呈直线相关,相关方程分别表示为

$$\varphi = -10.144 \ln \omega + 51.746 \tag{2.23}$$
$$c = -105.31 \ln \omega + 320.51 \tag{2.24}$$
$$\lg c = 2.515 - 0.064 \omega \tag{2.25}$$
$$\lg \varphi = 1.604 - 0.015 \omega \tag{2.26}$$

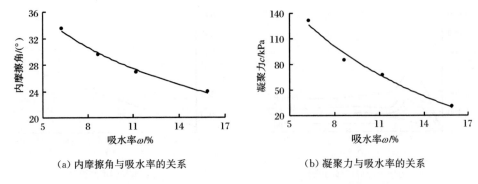

（a）内摩擦角与吸水率的关系　　　　（b）凝聚力与吸水率的关系

图 2.33　膨胀岩的抗剪强度与含水率的变化曲线

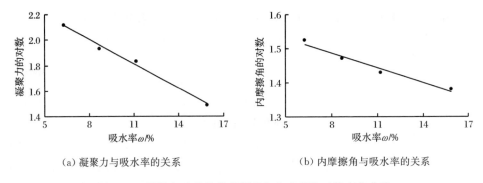

（a）凝聚力与吸水率的关系　　　　（b）内摩擦角与吸水率的关系

图 2.34　膨胀红砂岩的抗剪强度与含水率的对数变化曲线

图 2.33、图 2.34 分别为方程(2.23)～方程(2.26)的拟合曲线。显而易见,膨胀土的抗剪强度与吸水率的关系式基本可以表示膨胀红砂岩抗剪强度与吸水率的关系,只是方程的系数不同。所以膨胀红砂岩的抗剪强度与吸水率的关系可用以下相关方程表示:

$$\varphi = A\ln\omega + B \tag{2.27}$$

$$c = D\ln\omega + E \tag{2.28}$$

$$\lg c = a_1 - b_1\omega \tag{2.29}$$

$$\lg \varphi = a_2 - b_2\omega \tag{2.30}$$

式中,A、B、D、E、a_1、b_1、a_2、b_2 为可由试验确定的系数。将上述 4 个方程分别代入莫尔-库仑方程(2.17)可以得到强度随吸水率变化的关系式:

$$\tau = c + \sigma\tan\varphi = D\ln\omega + E + \sigma\tan(A\ln\omega + B) \tag{2.31}$$

$$\tau = c + \sigma\tan\varphi = A_1 \cdot 10^{B_1\omega} + \sigma\tan(A_2 \cdot 10^{B_2\omega}) \tag{2.32}$$

式中,$A_1 = 10^{a_1}$,$A_2 = 10^{a_2}$,$B_1 = -b_1$,$B_2 = -b_2$。

利用式(2.31)或式(2.32)分析某些特定地区膨胀红砂岩的强度与吸水率的

关系,对工程设计、工程安全监测都具有非常重要的实际意义。

2.6　膨胀红砂岩湿化特性试验研究

膨胀红砂岩的湿化性是指其遇水后所发生的吸水崩解现象,属于岩石水敏行为的研究范畴。岩石湿化可由湿度及温度变化引起。但湿度变化为主要控制因素。目前,国内外关于岩土湿化性的研究日益增多,归纳起来集中在两个方面:①利用直接浸泡的简易方法定性地观察和研究湿化性;②利用浮筒法或湿化耐久性试验对湿化性做出定量评价。国外文献大多论及软岩的湿化耐久性[12]和软化效应[13],并将其作为软岩分类指标之一;国内近年来陆续开展了一些岩土湿化性的初步研究,对湿化性[14~18]及其化学改良方法[16]有了一定的认识,但未对膨胀红砂岩的湿化性及其导致的强度衰减做过专门的研究。对不同风化程度的膨胀红砂岩进行湿化特性和湿化影响因素的室内试验,探讨膨胀红砂岩湿化机理。

2.6.1　微观结构试验

矿物成分及岩石的结构缺陷(裂隙、微裂隙、片理、面理等)是岩石湿化性的内因。膨胀亲水性矿物造成岩石的差异膨胀,引起湿化。

通过电镜扫描和鉴定(表 2.14 和图 2.35),及 X 射线衍射分析(表 2.15和表 2.16),该膨胀红砂岩的细观特征见表 2.14,矿物成分有石英、钾长石、方解石、赤铁矿、蒙脱石与伊利石等。填隙物为游离 Fe_2O_3、$CaCO_3$ 黏土亲水矿物。

表 2.14　膨胀红砂岩结构特征

风化程度	宏观特征	细观结构特征	孔隙率/%
强风化	褐黄色软质砂岩	粒径一般在 0.10~0.45mm,以细砂级碎屑为主,中砂级碎屑含量较少。砂屑与黏土的接触关系为基底式	31.11
中风化	棕红色软质砂岩	粒径一般在 0.12~0.50mm,以中砂级碎屑为主,细砂级碎屑次之。碎屑与黏土的接触关系为孔隙式,即碎屑彼此接触,黏土只充填在碎屑之间的孔隙处	29.79
弱风化	棕红色软质砂岩	粒径一般在 0.12~0.45mm,以细砂级碎屑为主,中砂级碎屑次之。碎屑与黏土的接触关系为孔隙式,即碎屑彼此接触,黏土只充填在碎屑之间的孔隙处	28.64

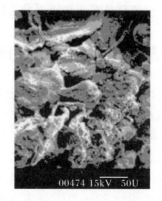

　　（a）强风化　　　　　　　（b）中风化　　　　　　　（c）弱风化

图 2.35　膨胀红砂岩结构全貌图（300 倍）

表 2.15　膨胀红砂岩矿物含量对比

风化程度	宏观特征	矿物种类和含量/%					黏土矿物总量/%
		石英	钾长石	钠长石	方解石	赤铁矿	
强风化	褐黄色软质砂岩	41.7	8.4	17.8	—	0.5	31.6
中风化	棕红色软质砂岩	41.9	8.4	18.3	12.1	0.5	18.8
弱风化	棕红色软质砂岩	33.0	9.9	18.8	22.4	0.3	15.6

表 2.16　膨胀红砂岩黏土矿物含量对比

风化程度	宏观特征	黏土矿物绝对含量/%			蒙皂石结晶度（V/P）
		蒙脱石	伊利石	高岭石	
强风化	褐黄色软质砂岩	29.7	1.3	0.6	0.85
中风化	棕红色软质砂岩	16.9	1.1	0.8	0.90
弱风化	棕红色软质砂岩	15.1	0.3	0.2	0.95

2.6.2　湿化性试验

1. 湿化过程观察

　　将三种不同风化程度的膨胀红砂岩（50mm×50mm）原状烘干样浸入水中，置于耐崩解试验仪中（图 2.36），以观察它们遇水湿化破坏的情况。原状烘干样是将天然原状岩芯置于烘干箱中，105℃下烘干 24h 制备的。从实际观察可以看出，膨胀红砂岩的浸水湿化过程可分为三个阶段：第一阶段，试样刚浸入水中，试块表面颗粒首先吸附水分子形成水膜，一部分胶结物质被水溶解，表土的结构连接遭到局部破坏。与此同时,崩散为小块体。第二阶段,在浸入水的进一步作用下微裂隙向纵深发展,伴随碎屑颗粒的崩落,小块体湿化成砂砾状散体。第三阶段,随着颗粒胶结物的溶解,砂砾状散体绝大部分散解成砂粒、碎粒。试验观察结果见表 2.17。

　　(a) 耐崩解性试验仪启动前的试样　　　　　　(b) 耐崩解性试验仪旋转后的残余物

图 2.36　干湿循环法耐崩解性试验仪示意图

表 2.17　膨胀红砂岩湿化过程观察结果及其胶结系数与湿化指标

风化程度	湿化时间/min	湿化情况	湿化阶段	胶结系数	湿化指标
强风化	0～15	表面产生裂隙	Ⅰ	1.77	2
	15～30	表层脱落,裂隙张开	Ⅱ		
	30～60	有几条裂隙贯通将试样分成碎块,裂隙张开较大	Ⅲ		
	60～1d	有少量的崩解碎片,但还成整体	Ⅲ		
	3d 后	完全崩解成碎块	Ⅲ		
中风化	0～20	出现 1 条未贯通的裂隙	Ⅰ	1.46	3
	20～40	出现 5 条未贯通的裂隙	Ⅱ		
	40～120	有几条裂隙贯通将试样分成碎块,裂隙张开较小	Ⅲ		
	120～1d	裂隙慢慢张开	Ⅲ		
弱风化	0～20	崩解成较大的碎块	Ⅰ	1.01	4
	20～40	大规模崩解	Ⅱ		
	40～120	完全崩解成很小的碎块,试样整体已破坏	Ⅲ		
	120～0.5d	呈砂状及片状开裂,已无强度可言	Ⅲ		

　　从表 2.17 不难看出,原状烘干样三个湿化阶段的时间并不相同,且完全湿化所经历的时间也各不相同。对每种原状烘干样而言,$t_Ⅰ < t_Ⅱ < t_Ⅲ$,一般情形下,$(t_Ⅰ + t_Ⅱ) < t_Ⅲ$。这说明膨胀红砂岩原状烘干样的三个湿化阶段的湿化难易程度

和湿化速度是完全不同的。第Ⅰ阶段,大块崩小块,湿化容易,湿化速度快;第Ⅱ阶段,小块崩砂粒,湿化较易,湿化速度较快;第Ⅲ阶段,砂粒崩细碎粒,湿化相对较难,湿化速度最慢。

2. 耐湿化持久性试验

进行耐湿化持久性试验的目的是获得湿化持久性指标(slake durability index)。试验过程是先将所选岩样烘干称重,然后将岩样置于一网状鼓中,将鼓放入水中绕轴转动,让岩样在鼓中流动磨蚀,崩解。烘干鼓中所余岩样,称重后,再放入水中磨蚀崩解,如此多次循环。取第二次循环鼓中所余岩样的干重与岩样的初始干重之比作为耐湿化持久性指标,用以评价软弱岩石在水及动力变动作用下的持久能力。由于试验是在岩石含水量急剧变化和在动力扰动的环境中进行,因此与一般岩石崩解的静态环境差异较大,试验结果仅可作为间接评价岩石湿化性的指标。红山窑膨胀红砂岩的耐湿化持久性试验结果见表 2.18。

根据 Gamble 的划分标准,膨胀红砂岩的耐湿化能力极低,这与现场观察及室内试验结果相吻合。

表 2.18　干湿循环法作用下膨胀红砂岩耐湿化持久性试验结果

风化程度	耐湿化持久性指标/%		耐湿化性
	第一次循环	第二次循环	
强风化	15.26	6.57	低
中风化	17.83	6.71	低
弱风化	11.74	1.25	极低

2.6.3　湿化机理探究

1. 湿化性与亲水矿物结晶度的关系

由文献[19]通过 X 射线衍射、电镜扫描和鉴定多种试验手段得知,膨胀红砂岩填隙物为游离 Fe_2O_3 和蒙脱石等亲水矿物。由表 2.16、图 2.37 与表 2.17 对比可见,膨胀红砂岩湿化性随蒙脱石结晶度的下降而加剧,如图 2.38 所示。

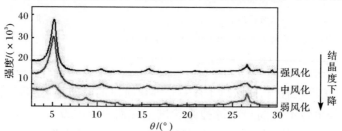

图 2.37　风化红砂岩蒙脱石结晶度分析

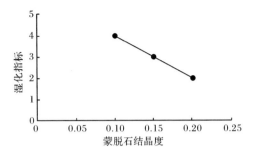

图 2.38　湿化指标与蒙脱石结晶度的关系

2. 湿化性与胶结系数的关系

胶结系数是指岩粉吸水率与岩块干燥饱和吸水率的比值。胶结系数反映膨胀红砂岩矿物颗粒间的综合胶结能力。由表 2.17 可知,膨胀红砂岩湿化程度随胶结系数下降而增大,如图 2.39 所示。

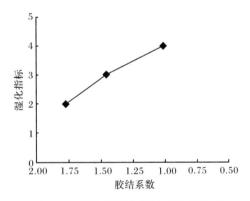

图 2.39　湿化指标与胶结系数的关系

3. 湿化机理

膨胀红砂岩的湿化现象在理论上可以用 Terzaghi 和 Peck 提出的气致崩溃力学来解释。膨胀红砂岩的失水干燥使其吸湿压力提高,大量裂隙、孔隙中充满空气,当干燥膨胀岩浸水后,由于吸湿压力的作用,水很快沿裂隙通道渗入,岩块内空气被挤到内部而压缩。随着外部水浸入量的增加,内部空气压力上升,导致矿物骨架沿最弱面发生破裂而逐渐崩散解体。膨胀红砂岩的湿化性之所以显著,是由其矿物成分、粒度成分、结构特征及胶结物决定的。膨胀红砂岩主要由强亲水性的蒙脱石和伊利石组成,以黏粒为主。黏粒含量越多,比表面积越大,表面张力也越大,亲水性越强。片状或扁平状黏土颗粒形成的叠聚体是膨胀红砂岩的主要结构基本单元体，又由于各种微孔隙和微裂隙的存在，有利于水的渗入与渗出，为膨胀红砂岩的湿化创造了水分迁移的必要条件。各种胶结物的胶结作用，使膨胀岩叠聚体之间产生了一定的结构连接强度，它是一种不可逆的连接强度，其数值的大小将直接控制膨胀红砂岩遇水湿化的难易程度。换言之，亲水性矿物和微裂隙的存在是湿化的前提条件，吸湿压力是湿化的动力，它克服胶结连接强度的时间也就反映出膨胀红砂岩湿化的难易性。

参 考 文 献

[1] 朱珍德,陈勇.南京红山窑水利枢纽工程风化砂岩膨胀特性试验成果报告.南京:河海大学出版社,2003.

[2] 何满朝,景海明,孙晓明.软岩工程力学.北京:科学出版社,2002.

[3] 朱珍德,邢福东,张勇,等.红山窑膨胀红砂岩湿化特性试验研究.岩土力学,2005,26(7):1014~1018.

[4] 孙钧,李成江.复合膨胀渗水围岩:隧洞支护系统的流变机理及其粘弹塑性效应//第一届全国岩土力学数值计算及模型试验研讨会,吉安,1988.

[5] 陈孚华.膨胀土上的基础.北京:中国建筑工业出版社,1979.

[6] 沈珠江.土的弹塑性应力应变关系的合理形式.岩土工程学报,1980,2(2):11~19.

[7] 柯尊敬,张鉴诚.膨胀土强度特性的研究.广西大学学报,1983,(1):83~90.

[8] 徐永福.非饱和膨胀土结构性强度的研究.河海大学学报,1999,27(2):86~89.

[9] 廖世文.膨胀土与铁路工程.北京:中国铁道出版社,1984.

[10] 杨庆,贺洁,栾茂田.非饱和红黏土和膨胀土抗剪强度的比较研究.岩土力学,2003,24(1):13~16.

[11] 缪林昌,仲晓晨,殷宗泽.膨胀土的强度与含水量的关系.岩土力学,1999,20(2):71~75.

[12] 迪克 J C,阿特韦尔 P B.泥岩耐久性的岩性控制.张颖钧,译.铁路地质与路基,1994,22(2):40~47.

[13] 王小军,赵中秀,答治华.膨胀岩的湿化特性及其对堑坡浅层溜坍的影响.岩土工程学报,1998,20(6):42~46.

[14] 谭罗荣.蚀变凝灰岩的微观特性与水稳定性的关系.岩土工程学报,1990,12(6):70~75.

[15] 谭罗荣.关于黏土岩崩解、泥化机理的讨论.岩土力学,2001,22(1):1~5.

[16] 李志安.粘性土湿化性状的改良研究.兰州铁道学院学报,1996,15(13):24~29.

[17] 蔡耀军,王小波,李亮,等.膨胀岩湿化崩解特性及膨胀性快速鉴别研究.人民长江,2015,(7):44~47.

[18] 王小军,方建生.膨胀土(岩)湿化性的影响因素及降低湿化性的途径和方法.铁道学报,2004,26(6):100~105.

[19] 卢肇钧,张惠明,陈建华,等.非饱和土的抗剪强度与膨胀压力.岩土工程学报,1992,14(3):1~8.

第3章 膨胀红砂岩弹塑性本构模型研究

3.1 概　述

膨胀红砂岩系统是一个复杂的三相体系,固相、液相和气相之间相互作用,导致膨胀红砂岩性质的变化。由第2章可知,水对膨胀红砂岩的影响很大,不仅提供动水压力或静水压力,而且改变岩石微观结构。与此同时,固相的变形也必然引起吸力或吸水率、渗透率的变化,会导致水分的重新分布。因此,建立考虑吸水率因素的膨胀岩本构模型尤为重要。

在岩体力学中使用弹塑性理论时将岩体介质作为一种连续介质,因为应力、应变等概念都是建立在连续介质模型基础之上的。实际上,岩体是一种复杂的介质体,它由各种不同矿物组成,存在节理裂隙等不连续结构面和几何形状不同的孔隙,无论从宏观还是细观上来看,岩体都是不连续介质。然而,长期以来,连续介质力学对岩体结构分析来说已取得很大的成功,例如,在工程上,对于宽度较大的断层破碎带,可用弹塑性理论建立数学模型;对于厚度较薄的软弱夹层,可用节理单元模拟;对于层面发育的层状岩体,可用层状材料模型;对于大量相对较小的节理裂隙切割的岩体,可以运用连续介质力学原理建立裂隙岩体的本构模型。这是因为,从宏观角度来考虑各种力学量的统计平均值,在某些条件下,是能解决工程问题的[1]。

弹塑性力学[2]研究内容可分为两大部分:一是研究材料的固有特性,建立应力、应变及温度等参数之间的本构关系;二是分析弹塑性变形体内应力、应变分布,研究岩体在各种荷载作用下的稳定问题。前者是本构方程的研究,考虑材料微观或细观结构寻求现象产生的原因,同时建立表达宏观测得的量之间的关系式。后者则一般称为求解边值问题或者初值-边值问题,属于应用数学范畴,它将探讨求解的各种解析方法和数值方法。

本章以弹塑性理论为基础,研究材料固有特性,建立应力、应变及含水率等之间的本构关系,分别提出膨胀红砂岩弹性和塑性状态下的本构模型。真正考虑吸水膨胀变形与围岩外约束所引起的应力应变变化,并对室内试验试件进行有限元数值模拟,得出不同荷载、不同含水率情况下的膨胀应变、膨胀位移,将计算结果与室内试验实测结果对比;分析各种情况下的受力特点与变化规律。这无疑促进了膨胀红砂岩的膨胀变形破坏理论的发展和完善,为指导实际工程设计与施工提供了依据。

3.2 基于湿度应力场理论的膨胀红砂岩弹塑性本构模型

3.2.1 弹性状态的本构模型

如果让岩体吸水后自由膨胀,并且是各向同性膨胀。当给定湿度场 $\omega(x_i, t)$ 时,其中 x_i 为位置坐标,t 为时间,则在弹性范围内总应变增量为

$$d\varepsilon_{ij} = d\varepsilon_{ij}^{\omega} = \alpha\delta_{ij}\,d\omega \tag{3.1}$$

式中,α 为膨胀系数,是吸水率的函数;δ_{ij} 为 Kronecker 记号。值得说明的是,在各向同性膨胀下 $\beta = 3\alpha$。

在受到外部和内部各部分之间约束情况下,$d\varepsilon_{ij}$ 并不能自由发生,于是就产生了湿度应力,这部分应力引起附加应变。这样,可得总的应变增量应为

$$d\varepsilon_{ij} = d\varepsilon_{ij}^{e} + d\varepsilon_{ij}^{\omega} = d\varepsilon_{ij}^{e} + \alpha\delta_{ij}\,d\omega \tag{3.2}$$

总应变增量 $d\varepsilon_{ij}$ 是由弹性应变增量 $d\varepsilon_{ij}^{e}$ 与湿度应变增量 $d\varepsilon_{ij}^{\omega}$(或 $\alpha\delta_{ij}\,d\omega$)相加而成。对于弹性材料可由广义胡克定律得

$$\varepsilon_{ij}^{e} = E_{ijkl}^{-1}\sigma_{kl} \tag{3.3}$$

式中,E_{ijkl}^{-1} 为湿度影响下的弹性系数张量,为吸水率的函数,即 $E_{ijkl}^{-1} = 1/E_{ijkl}$,$E_{ijkl} = a\ln\omega - b$。

对式(3.3)两边同时微分,可得增量形式为

$$d\varepsilon_{ij}^{e} = \frac{dE_{ijkl}^{-1}}{d\omega}\sigma_{kl}\,d\omega + E_{ijkl}^{-1}\,d\sigma_{kl} \tag{3.4}$$

将式(3.4)代入式(3.2)得总应变增量为

$$d\varepsilon_{ij} = \frac{dE_{ijkl}^{-1}}{d\omega}\sigma_{kl}\,d\omega + E_{ijkl}^{-1}\,d\sigma_{kl} + \alpha\delta_{ij}\,d\omega \tag{3.5}$$

式(3.5)也可写成总应力增量形式:

$$d\sigma_{ij} = E_{ijkl}\left[d\varepsilon_{kl} - \left(\alpha\delta_{kl} + \frac{dE_{klmn}^{-1}}{d\omega}\sigma_{mn}\right)d\omega\right] \tag{3.6}$$

平衡方程为

$$d\sigma_{ij,j} + db_i = 0, \quad 在 \Omega 中 \tag{3.7}$$

应变与位移关系

$$2d\varepsilon_{ij} = du_{i,j} + du_{j,i}, \quad 在 \Omega 中 \tag{3.8}$$

边界条件

$$d\sigma_{ij}n_j = d\bar{p}_i, \quad 在 S_P 上 \tag{3.9}$$

$$du_i = d\bar{u}_i, \quad 在 S_U 上 \tag{3.10}$$

式中,db_i、$d\bar{p}_i$、$d\bar{u}_i$ 分别为体力、外力、给定位移的增量表达式;Ω 为结构体积;$S =$

$S_P + S_U$ 为 Ω 的表面积。

3.2.2　塑性状态的本构模型

在给定湿度场 $\omega(x_i, t)$ 下,处于塑性范围内的总应变增量为

$$d\varepsilon_{ij} = d\varepsilon_{ij}^e + d\varepsilon_{ij}^p + d\varepsilon_{ij}^\omega \tag{3.11}$$

且

$$d\varepsilon_{ij}^p = \lambda^p \frac{\partial g}{\partial \sigma_{ij}} \tag{3.12}$$

式中,λ^p 为塑性流动因子;g 为塑性势函数。

同时

$$\begin{cases} \lambda^p = 0, & \text{当 } f < 0 \text{ 时,对应于弹性加载或卸载} \\ \lambda^p \geqslant 0, & \text{当 } f = 0 \text{ 时,对应于塑性加载或卸载} \end{cases} \tag{3.13}$$

式中,f 为屈服函数。

同理,由式(3.4)~式(3.12)可得总应力增量为

$$d\sigma_{ij} = E_{ijkl} \left[d\varepsilon_{kl} - d\varepsilon_{kl}^p - \left(\alpha\delta_{kl} + \frac{dE_{klmn}^{-1}}{d\omega} \sigma_{mn} \right) d\omega \right] \tag{3.14}$$

所谓膨胀红砂岩遇水作用的软化现象,具体反映到物性参数上就是 E、μ 随吸水率增加而下降,是吸水率的函数。当然,强度也会有所降低。式(3.5)和式(3.6)已经反映出湿度增加引起岩性软化会造成岩体中应力场变化的这种力学机制。由于 E 和 μ 与湿度(吸水率)有关,因而这些微分方程是非线性的。

1. 弹塑性状态控制方程

由屈服条件

$$f = f(\sigma_{ij}, \varepsilon_{ij}^p, \omega) \tag{3.15}$$

对屈服函数 f 做一阶展开[3],并将式(3.12)和式(3.14)代入,则有

$$f(\sigma_{ij}, \varepsilon_{ij}^p, \omega) = f^0 + \frac{\partial f}{\partial \sigma_{ij}} d\sigma_{ij} + \frac{\partial f}{\partial \varepsilon_{ij}^p} d\varepsilon_{ij}^p + \frac{\partial f}{\partial \omega} d\omega$$

$$= f^0 + E_{ijkl} \frac{\partial f}{\partial \sigma_{ij}} d\varepsilon_{kl} + \lambda^p \left(\frac{\partial f}{\partial \varepsilon_{ij}^p} \frac{\partial g}{\partial \sigma_{ij}} - E_{ijkl} \frac{\partial f}{\partial \sigma_{ij}} \frac{\partial g}{\partial \sigma_{kl}} \right)$$

$$+ \left[\frac{\partial f}{\partial \omega} - E_{ijkl} \left(\alpha\delta_{ij} + \frac{dE_{ijmn}^{-1}}{d\omega} \sigma_{mn} \right) \frac{\partial f}{\partial \sigma_{kl}} \right] d\omega \tag{3.16}$$

并在 f 中引入补偿因子 ν,则式(3.16)可改写为[4]

$$f(d\varepsilon_{ij}, \lambda^p, d\omega) + \nu = 0 \tag{3.17}$$

$$\nu\lambda^p = 0, \quad \lambda^p \geqslant 0, \quad \nu > 0 \tag{3.18}$$

由式(3.13)可知,补偿因子 ν 的物理含意为 $\nu > 0$,对应于 $\lambda^p = 0$ 时,即弹性状态;$\nu = 0$,对应于 $\lambda^p > 0$,即塑性状态。由此可见,式(3.15)与式(3.16)就是由本构

关系导出的参变量变分原理中的状态控制方程。

上述方程,再加上几何方程和协调方程及边界条件等,就构成了湿度和应力场的控制微分方程系统,方程之间是相互耦合的。由此可求得湿度场、应力场、应变场和位移场。当然,这是极为复杂的微分方程系统,如不加简化,很难求得解析解,一般采用数值解。

2. 弹塑性状态的参变量变分原理

1) 构造一个总势能泛函

在弹塑性状态下,根据能量守恒定律可写出构件的总势能表达式为

$$\Pi_\omega = \int_\Omega \left[\frac{1}{2} E_{ijkl} \, \mathrm{d}\varepsilon_{ij} \, \mathrm{d}\varepsilon_{kl} - \lambda^{\mathrm{p}} E_{ijkl} \frac{\partial g}{\partial \sigma_{ij}} \, \mathrm{d}\varepsilon_{kl} - E_{ijkl} \left(\alpha \delta_{ij} + \frac{\mathrm{d} E_{ijmn}^{-1}}{\mathrm{d}\omega} \delta_{mn} \right) \mathrm{d}\varepsilon_{kl} \, \mathrm{d}\omega \right] \mathrm{d}\Omega$$
$$- \left(\int_\Omega \mathrm{d}b_i \, \mathrm{d}u_i \, \mathrm{d}\Omega + \int_{S_p} \mathrm{d}\bar{p}_i \, \mathrm{d}\bar{u}_i \, \mathrm{d}S \right) \tag{3.19}$$

对吸水率变化的弹塑性问题的参变量变分原理的基本思路[5]是:对于给定吸水率变化 $\omega(x_i, t)$,时间$(t, t+\mathrm{d}t)$范围内,所有能满足应变与位移关系式(3.8)与几何边界条件(3.11)的可能位移增量场中,其真实解使泛函(3.19)在状态方程(3.17)与方程(3.18)的控制下取总体最小,其中 $\mathrm{d}u_i$(或 $\mathrm{d}\varepsilon_{ij}$)是自变量函数,$\lambda^{\mathrm{p}}$ 是不参加变分的参变量(它是吸水率影响下的塑性流动因子)。

2) 变分原理

在时间$(t, t+\mathrm{d}t)$范围内,由于弹塑性系统依赖于 $\mathrm{d}u_i$(或 $\mathrm{d}\varepsilon_{ij}$),则其变分为

$$\delta \Pi_\omega = \int_\Omega \left[E_{ijkl} (\mathrm{d}\varepsilon_{ij}) \delta (\mathrm{d}\varepsilon_{kl}) - \lambda^{\mathrm{p}} E_{ijkl} \frac{\partial g}{\partial \sigma_{ij}} \delta (\mathrm{d}\varepsilon_{kl}) \right.$$
$$\left. - E_{ijkl} \left(\alpha \delta_{ij} + \frac{\mathrm{d} E_{ijmn}^{-1}}{\mathrm{d}\omega} \delta_{mn} \right) \mathrm{d}\omega \delta (\mathrm{d}\varepsilon_{kl}) \right] \mathrm{d}\Omega$$
$$- \left[\int_\Omega \mathrm{d}b_i \delta (\mathrm{d}u_i) \, \mathrm{d}\Omega + \int_{S_p} \mathrm{d}\bar{p}_i \delta (\mathrm{d}u_i) \, \mathrm{d}S \right] \tag{3.20}$$

式中,E_{ijkl} 为吸水率影响下的弹性系数张量;δ_{mn} 为初始温度应力;其他的物理意义如前所述。将式(3.14)与式(3.16)代入式(3.20)中的第一项进行积分:

$$\int_\Omega E_{ijkl} (\mathrm{d}\varepsilon_{ij}) \delta (\mathrm{d}\varepsilon_{kl}) \, \mathrm{d}\Omega$$
$$= \int_\Omega \left\{ \left[\mathrm{d}\sigma_{kl} + \lambda^{\mathrm{p}} E_{ijkl} \frac{\partial g}{\partial \sigma_{ij}} + E_{ijkl} \left(\alpha \delta_{kl} + \frac{\mathrm{d} E_{klmn}^{-1}}{\mathrm{d}\omega} \sigma_{mn} \right) \mathrm{d}\omega \right] \delta (\mathrm{d}\varepsilon_{kl}) \right\} \mathrm{d}\Omega \tag{3.21}$$

将式(3.21)代入式(3.20),则得

$$\delta \Pi_\omega = \int_\Omega \mathrm{d}\sigma_{ij} \delta (\mathrm{d}\varepsilon_{ij}) \, \mathrm{d}\Omega - \left[\int_\Omega \mathrm{d}b_i \delta (\mathrm{d}u_i) \, \mathrm{d}\Omega + \int_{S_p} \mathrm{d}\bar{p}_i \delta (\mathrm{d}u_i) \, \mathrm{d}S \right] \tag{3.22}$$

由分部积分方法,式(3.22)中第一项积分为

$$\int_\Omega \mathrm{d}\sigma_{ij} \delta (\mathrm{d}\varepsilon_{ij}) \, \mathrm{d}\Omega = \int_{S_p} \mathrm{d}\sigma_{ij} n_j \delta (\mathrm{d}u_{ij}) \, \mathrm{d}S - \int_\Omega \mathrm{d}\sigma_{ij,j} \delta (\mathrm{d}u_i) \, \mathrm{d}\Omega \tag{3.23}$$

将式(3.23)代入式(3.22)得

$$\delta\Pi_\omega = -\int_\Omega (\mathrm{d}\sigma_{ij,j} + \mathrm{d}b_I)\delta(\mathrm{d}u_i)\mathrm{d}\Omega + \int_{S_P}(\mathrm{d}\sigma_{ij}n_j - \mathrm{d}\bar{p}_i)\delta(\mathrm{d}u_i)\mathrm{d}S \quad (3.24)$$

令 $\delta\Pi_\omega = 0$，则求得

$$\mathrm{d}\sigma_{ij,j} + \mathrm{d}b_i = 0, \quad 在 \Omega 中 \quad (3.25)$$

$$\mathrm{d}\sigma_{ij}n_j = \mathrm{d}\bar{p}_i, \quad 在 S_P 上 \quad (3.26)$$

式(3.25)为平衡方程，式(3.26)为应力边界条件。进一步取 $\delta\Pi_\omega \geqslant 0$ 时，故由 $\delta\Pi_\omega = 0$ 导出的状态变量 $\mathrm{d}u_i$（或 $\mathrm{d}\varepsilon_{ij}$）使 Π_ω 取总体最小值，由于 Π_ω 在状态方程(3.17)与方程(3.18)控制下取极值，因此在整个过程中同时满足吸水率变化规律及塑性流动规律。这就证明参变量变分原理成立。

3) 吸水率弹塑性问题结构分析的参变量变分原理

取

$$\mathrm{minimize}\Pi_\omega(\mathrm{d}\varepsilon_{ij}, \mathrm{d}u_i, \mathrm{d}\omega, \lambda^P)$$

$\mathrm{d}u_i$（或 $\mathrm{d}\varepsilon_{ij}$）受控于

$$f(\mathrm{d}\varepsilon_{ij}, \lambda^P, \mathrm{d}\omega) + \nu = 0 \quad (3.27)$$

$$\nu\lambda^P = 0, \quad \lambda^P \geqslant 0, \quad \nu > 0 \quad (3.28)$$

其主要特点[6]是：①原理中分别考虑了由吸水率引起的膨胀应力与随吸水率变化的屈服准则；②对于所讨论的问题，其塑性流动不受 Drucker 假设的限制，对关联或非关联塑性流动法则皆适用；③对本构关系与状态方程进行普适性描述，并表征成关于 $\mathrm{d}\varepsilon_{ij}$，$\lambda^P$，$\mathrm{d}\omega$ 的线性方程；④所建立的参变量变分原理简明、清晰，并易于用数值计算（如有限元法）方法进行处理。

3. 离散后的有限元形式

将连续体 Ω 做有限元离散，引入有限元插值函数：

$$\mathrm{d}u = N\delta \quad (3.29)$$

$$\mathrm{d}\varepsilon = B\delta \quad (3.30)$$

式中，δ 为节点位移增量；N 为位移形函数；B 为应变算子形函数。

通过单元的组装，可将吸水率弹塑性系统的总势能与状态控制方程[7]写为

$$\Pi_\omega = \frac{1}{2}\delta^T K\delta - \delta^T(\Phi\lambda^P + q_1 + q_2) \quad (3.31)$$

$$C\delta - U\lambda^P - d + \nu = 0 \quad (3.32)$$

$$\nu^T\lambda^P = 0, \quad \lambda^P \geqslant 0, \quad \nu \geqslant 0 \quad (3.33)$$

式中

$$K = \sum_{e=1}^n \int_{\Omega^e}(B^T E B)\mathrm{d}\Omega$$

$$\Phi = \sum_{e=1}^{n_1} \int_{\Omega^e} \left[\left(\frac{\partial g}{\partial \sigma} \right)^T EB \right]^T d\Omega$$

$$q_1 = \sum_{e=1}^{n} \int_{\Omega^e} \left[\left(\alpha \cdot 1 + \frac{dE^{-1}}{d\omega} \sigma \right)^T EB \right]^T d\Omega$$

$$q_2 = \sum_{e=1}^{n} \int_{\Omega^e} (N^T db) d\Omega + \sum_{e=1}^{n_1} \int_{S^e} (N^T d\bar{p}) dS$$

$$C = \sum_{e=1}^{n_1} \int_{\Omega^e} \left[\left(\frac{\partial f}{\partial \sigma} \right)^T EB \right]^T d\Omega$$

$$U = \sum_{e=1}^{n_1} \int_{\Omega^e} \left[\left(\frac{\partial f}{\partial \sigma} \right)^T E \left(\frac{\partial g}{\partial \sigma} \right) - \left(\frac{\partial f}{\partial \sigma} \right)^T \left(\frac{\partial g}{\partial \sigma} \right) \right] d\Omega$$

$$d = -\sum_{e=1}^{n_1} \int_{\Omega^e} \left[f^0 - \left(\alpha \cdot 1 + \frac{dE^{-1}}{d\omega} \sigma \right)^T E \left(\frac{\partial f}{\partial \sigma} \right) d\omega \right] d\Omega$$

由变分原理,有

$$\frac{\partial \Pi_\omega}{\partial \delta} = 0 \tag{3.34}$$

可由式(3.31)求得

$$K\delta - (\Phi\lambda^p + q_1 + q_2) = 0 \tag{3.35}$$

因为 K 是对称正定的,这样由式(3.35)可导出

$$\delta = K^{-1}(\Phi\lambda^p + q_1 + q_2) \tag{3.36}$$

将其代入状态控制方程(3.31)得

$$\nu - (-CK^{-1}\Phi + U)\lambda^p = d - DK^{-1}(q_1 + q_2) \tag{3.37}$$

$$\nu^T\lambda^p = 0, \quad \lambda^p \geqslant 0, \quad \nu \geqslant 0 \tag{3.38}$$

式(3.37)与式(3.38)表明,这是一个关于 λ^p 与 ν 的互补问题,由式(3.37)求解出 λ^p 后,代入式(3.36)就可求得 δ 值。

由式(3.31)可以看出,它与常规弹塑性问题的参变量表达式相比较,具有完全相同的形式,只是多了一项 q_1,以及 d 的表达式有些不同。

3.3　膨胀红砂岩模型数值模拟及模型验证

目前岩土工程中数值分析方法已经突破各种单一模式独立发展的局面,向综合方向发展,以适应天然介质条件的复杂性。数值计算方法和现代计算机技术的有机结合,在岩土工程中出现前所未有的挑战和良机。然而,计算机辅助设计岩土工程问题才刚刚起步,其中有许多问题需要研究,尤其是膨胀红砂岩有限元计算。

3.3.1　三维有限元程序原理

许多学者将膨胀特性耦合到有限元程序中,用来分析膨胀性围岩的稳定性,计算岩石膨胀变形量。

1972 年 Grob[8]首次提出一种预测硐室围岩竖向膨胀底鼓的近似计算方法,认为底板围岩内任一点产生的径向膨胀应变与硐室开挖引起的卸载符合 Huder-Amberg 试验规律,对由径向应力的变化引起的膨胀应变进行积分,其值即为底板的最大底鼓量。

杨庆根据现场的实际吸水率剖面图,以及荷载与土的吸力之间的应力变化,对某些点进行隆起预测[9]。

Kodandaramaswamy 提出黏土的位移随时间变化呈双曲线关系

$$\Delta S = \frac{t}{a_s + b_s t} \tag{3.39}$$

式中,a_s、b_s 为材料常数;ΔS 为膨胀量;t 为时间。当 $t \to \infty$ 时,最大膨胀量为

$$\Delta S_{max} = \lim_{t \to +\infty} \Delta S = \frac{1}{b_s} \tag{3.40}$$

Gysel[10]根据单轴膨胀应变仪试验的结果,在一定假设条件下给出了考虑围岩膨胀因素的圆形硐室解析解。该方法利用弹性理论,首先求出围岩应力分布和衬砌内力,然后按上面提到的 Grob 预测模型,求出径向附加变形,又引入了 Einstein 的假设及三维应力场,并对此方法进行了改进。

史维汾等根据围岩膨胀率计算围岩膨胀体积,从而计算因物理化学膨胀所引起的硐壁径向位移,并对支护设计提出了一些建议。

Einstein[11]认为,膨胀是由应力第一不变量的变化所导致的,因为在弹性阶段,应力第一不变量和体积应变成正比。Wittke 等[12]根据这一假设,首先经弹性计算求得围岩应力分布,据此进行附加膨胀变形的迭代计算,并将该法用于分析联邦德国 Stugatt 地铁环形隧道。Kovari 采用相同的概念,编制了 Rheostaub 程序,该程序可耦合考虑流变效应。Richards 将荷载-变形特性和水流过程相耦合,用初应力法编制膨胀黏土体积变化的有限元程序,计算过程中未考虑时间的影响。

孙钧等[13]将膨胀问题转化为流变问题的膨胀模型,应变增量为瞬弹性应变增量 $d\varepsilon_e$、膨胀应变增量 $d\varepsilon_c$ 和黏塑性应变增量 $d\varepsilon_p$ 之和,从而得出考虑复合膨胀的增量本构关系:

$$d\sigma' = [D](d\{\varepsilon_e\} + d\{\varepsilon_c\} + d\{\varepsilon_p\}) \tag{3.41}$$

据此研制三维应力状态下膨胀与流变耦合的有限元程序,并对支护效应问题进行数值模拟分析。位移反分析法利用位移量测值反算原岩应力、岩体力学参数

和支架上的荷载等。时间序列方法避开复杂的力学模型,来处理巷道表面的收敛量测序列数据,预报巷道未来的稳定状况。

利用前面所得的膨胀本构关系,以任青文教授的弹塑性有限元程序为基础,编制适用于模拟膨胀问题的有限单元法程序 SNEP(nonlinear finite element method program for swelling problem)[14~18],下面简要阐述推导弹塑性矩阵及有限元求解膨胀应力方法的推导过程。

1. 弹塑性矩阵的建立

弹塑性的应力-应变关系式,就是在

$$\{\Delta\sigma\} = [D]\{\Delta\varepsilon\} \tag{3.42}$$

或

$$\{\Delta\varepsilon\} = [C]\{\Delta\sigma\} \tag{3.43}$$

中用弹塑性的刚度矩阵$[D_{ep}]$来代替$[D]$,或者在式(3.41)中用弹塑性的柔度矩阵$[C_{ep}]$来代替$[C]$。有了确定的$[D_{ep}]$或$[C_{ep}]$,就可用于有限元计算。下面介绍如何运用前面的屈服准则、硬化规律和流动规则来建立弹塑性矩阵。

先前导出依赖于吸水率的膨胀岩弹性应力-应变关系,即

$$\{d\sigma\} = [D_e]\left(\{d\varepsilon_e\} - \left\{\frac{d[D_e]^{-1}}{d\omega}\right\}[\sigma]\{d\omega\}\right) \tag{3.44}$$

而塑性区域中的全应变增量可分解为

$$\{d\varepsilon\} = \{d\varepsilon_e\} + \{d\varepsilon_p\} + \{d\varepsilon_\omega\} \tag{3.45}$$

于是弹性应变增量为

$$\{d\varepsilon_e\} = \{d\varepsilon\} - \{d\varepsilon_p\} - \{d\varepsilon_\omega\} \tag{3.46}$$

代入式(3.44),得

$$\{d\sigma\} = [D_e]\left(\{d\varepsilon\} - \{d\varepsilon_p\} - \{d\varepsilon_\omega\} - \left\{\frac{d[D_e]^{-1}}{d\omega}\right\}[\sigma]\{d\omega\}\right) \tag{3.47}$$

令

$$\{d\varepsilon_0\} = \left(\alpha + \left\{\frac{d[D_e]^{-1}}{d\omega}\right\}[\sigma]\right)\{d\omega\} \tag{3.48}$$

表示由吸水率引起的应变增量。式中,$\{d\varepsilon_\omega\} = \alpha d\omega$;$\alpha$ 为膨胀系数。

式(3.47)可写为

$$\{d\sigma\} = [D_e](\{d\varepsilon\} - \{d\varepsilon_p\} - \{d\varepsilon_0\}) \tag{3.49}$$

将流动规则

$$\{d\varepsilon_p\} = d\lambda\left\{\frac{\partial g}{\partial \sigma}\right\} \tag{3.50}$$

代入式(3.49)得

$$\{d\sigma\} = [D_e]\left(\{d\varepsilon\} - d\lambda\left\{\frac{\partial g}{\partial \sigma}\right\} - \{d\varepsilon_0\}\right) \tag{3.51}$$

而塑性应变与应力之间的关系则要从屈服准则和硬化规律中推导。由于屈服状态下应力应变与吸水率有关,因此屈服准则应改为

$$f(\sigma) = H(\varepsilon_p, \omega)$$

或记为

$$f(\sigma) = H_\omega(\varepsilon_p) \tag{3.52}$$

对屈服准则(3.52),两边取微分

$$\left\{\frac{\partial f(\sigma)}{\partial \sigma}\right\}^T \{d\sigma\} = \left\{\frac{\partial H}{\partial \varepsilon_p}\right\}\{d\varepsilon_p\} + \left\{\frac{\partial H}{\partial \omega}\right\}\{d\omega\}$$

$$= H'_\omega\{d\varepsilon_p\} + \left\{\frac{\partial H}{\partial \omega}\right\}\{d\omega\} \tag{3.53}$$

式(3.53)给出了$\{d\sigma\}$和$\{d\varepsilon_p\}$之间的一个函数关系,而没有给出各分量的确定关系。这就需要利用流动规则给出各塑性应变增量之间的比例关系,从而确定塑性应变增量各分量。

式(3.51)两端左乘$\left\{\frac{\partial f(\sigma)}{\partial \sigma}\right\}^T$,并以式(3.53)代入,得

$$H'_\omega d\lambda\left\{\frac{\partial g}{\partial \sigma}\right\} + \left\{\frac{\partial H}{\partial \omega}\right\}\{d\omega\} = \left\{\frac{\partial f(\sigma)}{\partial \sigma}\right\}^T [D_e]\left(\{d\varepsilon\} - d\lambda\left\{\frac{\partial g}{\partial \sigma}\right\} - \{d\varepsilon_0\}\right)$$

由此可得

$$d\lambda = \frac{\left\{\dfrac{\partial f(\sigma)}{\partial \sigma}\right\}^T [D_e]\{d\varepsilon\} - \left\{\dfrac{\partial f(\sigma)}{\partial \sigma}\right\}^T [D_e]\{d\varepsilon_0\} - \left\{\dfrac{\partial H}{\partial \omega}\right\}\{d\omega\}}{\left(H'_\omega + \left\{\dfrac{\partial f(\sigma)}{\partial \sigma}\right\}^T [D_e]\right)\left\{\dfrac{\partial g}{\partial \sigma}\right\}}$$

代入式(3.51)得吸水率弹塑性问题中的应力-应变的增量关系式:

$$\{d\sigma\} = [D_{ep}](\{d\varepsilon\} - \{d\varepsilon_0\}) + \{d\sigma_0\} \tag{3.54}$$

式中

$$[D_{ep}] = [D_e] - [D_p] \tag{3.55}$$

$$[D_p] = \frac{[D_e]\left\{\dfrac{\partial f(\sigma)}{\partial \sigma}\right\}\left\{\dfrac{\partial f(\sigma)}{\partial \sigma}\right\}^T [D_e]}{\left(H'_\omega + \left\{\dfrac{\partial f(\sigma)}{\partial \sigma}\right\}^T [D_e]\right)\left\{\dfrac{\partial g}{\partial \sigma}\right\}} \tag{3.56}$$

其中,$[D_p]$为吸水率塑性矩阵;$[D_e]$为吸水率弹性矩阵。

$$\{d\sigma_0\} = \frac{[D_e]\left\{\dfrac{\partial f(\sigma)}{\partial \sigma}\right\}\left\{\dfrac{\partial H}{\partial \omega}\right\}\{d\omega\}}{\left(H'_\omega + \left\{\dfrac{\partial f(\sigma)}{\partial \sigma}\right\}^T [D_e]\right)\left\{\dfrac{\partial g}{\partial \sigma}\right\}} \tag{3.57}$$

式(3.57)反映了由吸水率变化 $d\omega$ 所引起的应力增量;$\{d\varepsilon_0\}$由式(3.48)

定义。

显然,式(3.54)是一个非线性关系式,为了建立有限元公式,仍可将其线性化为

$$\{\Delta\sigma\} = [D_{ep}](\{\Delta\varepsilon\} - \{\Delta\varepsilon_0\}) + \{\Delta\sigma_0\} \tag{3.58}$$

式中,$[D_{ep}]$可以按照增量荷载加前的应力水平予以确定,在本增量步中作为常数矩阵处理。

而由吸水率变化$\{\Delta\omega\}$引起的吸水率应变增量$\{\Delta\varepsilon_0\}$,可作为初应变处理,为了便于推导,假设吸水率应变全增量$\{\Delta\varepsilon_0\}$的分量可以用相应的全应变增量的分量表示为

$$\{\Delta\varepsilon_{0i}\} = \{\Delta\varepsilon_i\}(1 - h_i), \quad i = 1, 2, \cdots \tag{3.59}$$

$$h_i = \frac{\Delta\varepsilon_{ei}}{\Delta\varepsilon_i}, \quad i = 1, 2, \cdots \tag{3.60}$$

表示本次加载所产生的弹性应变增量与全应变增量的各个分量之间的比值。为简便起见,可设

$$h_i = \bar{h} \tag{3.61}$$

式中,$\bar{h}$为h_i的平均值,于是有

$$\{\Delta\varepsilon_0\} = \{\Delta\varepsilon\}(1 - \bar{h}) \tag{3.62}$$

代入式(3.58),得

$$\{\Delta\sigma\} = [D_{ep}][\{\Delta\varepsilon\} - \{\Delta\varepsilon\}(1 - \bar{h})] + \{\Delta\sigma_0\} \tag{3.63}$$

2. 有限元求解膨胀应力方法的推导过程

按照变分法推导有限元的过程,首先还是进行区域剖分建立求解节点位移的离散模型;然后分片插值,构造单元的位移模式,并建立相应的单元应变矩阵和应力矩阵,计算单元的能量泛函,再由能量泛函极值条件导出求解节点位移的支配方程;由单元结点位移求出单元应变,再由膨胀问题的力学本构方程(3.63)求出单元的膨胀应力。

设某单元的体积为V_n,给定位移的边界为S_{un},给定面力的边界为$S_{\sigma n}$,在体力增量$\{\Delta F\}$和面力增量$\{\Delta T\}$作用下,产生位移增量$\{\Delta f\}$。在这里,单元的位移模式仍可取一般表示形式

$$\{\Delta f\} = [N]\{\Delta d\} \tag{3.64}$$

式中,$\{\Delta f\}$为单元体内的位移;$\{\Delta d\}$为单元节点位移;$[N]$为节插值函数。

膨胀问题的几何条件与普通岩石受外荷载情况下的几何条件相同,因此单元的应变与节点位移之间的关系仍为

$$\{\Delta\varepsilon\} = [B]\{\Delta d\} \tag{3.65}$$

式中,$[B]$为几何矩阵。

将式(3.63)代入最小位能原理,得泛函

$$\Pi = \left(\frac{1}{2} \int_V \{\Delta\varepsilon\}^{\mathrm{T}} [D_{\mathrm{ep}}] \{\Delta\varepsilon\} \mathrm{d}V - \frac{1}{2} \int_V \{\Delta\varepsilon\}^{\mathrm{T}} [D_{\mathrm{ep}}] (1-\bar{h}) \{\Delta\varepsilon\} \mathrm{d}V \right.$$

$$\left. - \int_V \{\Delta f\}^{\mathrm{T}} [\Delta\bar{F}] \mathrm{d}V - \iint_{S_\sigma} \{\Delta f\}^{\mathrm{T}} [\Delta\bar{T}] \mathrm{d}S \right)$$

$$- \left(\int_V \{\Delta f\}^{\mathrm{T}} [\bar{F}^0] \mathrm{d}V + \iint_{S_\sigma} \{\Delta f\}^{\mathrm{T}} [\bar{T}^0] \mathrm{d}S - \int_V \{\Delta\varepsilon\}^{\mathrm{T}} [\sigma^0] \mathrm{d}V \right)$$

$$+ \frac{1}{2} \int_V \{\Delta\varepsilon\}^{\mathrm{T}} \{\Delta\sigma_0\} \mathrm{d}V \tag{3.66}$$

将式(3.64)代入式(3.66),并由泛函驻值条件

$$\frac{\partial \Pi}{\partial \{\Delta d\}} = 0 \tag{3.67}$$

可得吸水率弹塑性问题中的增量变刚度法的单元基本方程为

$$[K_{\mathrm{ep}}] \{\Delta d\} = \{\Delta F\} + \{\Delta R_\sigma^0\} + \{\Delta R_{\sigma\omega}\} + \{\Delta R_{\varepsilon\omega}\} \tag{3.68}$$

式中,$\Delta R_{\sigma\omega} = -\int_V [B]^{\mathrm{T}} \{\Delta\sigma_0\} \mathrm{d}V$ 为弹塑性增量刚度矩阵;$\Delta R_{\varepsilon\omega} = \int_V [B]^{\mathrm{T}} [D_{\mathrm{ep}}] \cdot$
$\{\Delta\varepsilon_0\} \mathrm{d}V$ 为等效节点荷载增量;$\{\Delta R_\sigma^0\} = \int_V [N]^{\mathrm{T}} [\bar{F}^0] \mathrm{d}V + \iint_{S_\sigma} [N]^{\mathrm{T}} [\bar{T}^0] \mathrm{d}S -$
$\int_V [B]^{\mathrm{T}} [\sigma^0] \mathrm{d}V$ 为初始不平衡荷载;$\Delta R_{\sigma\omega} = -\int_V [B]^{\mathrm{T}} \{\Delta\sigma_0\} \mathrm{d}V$ 为吸水率初应力
荷载矢量;$\Delta R_{\varepsilon\omega} = \int_V [B]^{\mathrm{T}} [D_{\mathrm{ep}}] \{\Delta\varepsilon_0\} \mathrm{d}V$ 为吸水率初应变荷载矢量。

膨胀单元按方程(3.64)求解附加节点位移。此时的应力场按式(3.63)的本构关系进行计算。

此外,根据连续介质力学可给出平衡方程和几何方程。

平衡方程

$$\frac{\partial \sigma_x}{\partial x} + \frac{\partial \tau_{xy}}{\partial y} + \frac{\partial \tau_{xz}}{\partial z} + X = 0$$

$$\frac{\partial \tau_{yx}}{\partial x} + \frac{\partial \sigma_y}{\partial y} + \frac{\partial \tau_{yz}}{\partial z} + Y = 0 \tag{3.69}$$

$$\frac{\partial \tau_{zx}}{\partial x} + \frac{\partial \tau_{zy}}{\partial y} + \frac{\partial \sigma_z}{\partial z} + Z = 0$$

几何方程

$$\varepsilon_x = \frac{\partial u}{\partial x}, \quad \gamma_{yz} = \frac{\partial w}{\partial y} + \frac{\partial v}{\partial z}$$

$$\varepsilon_y = \frac{\partial v}{\partial y}, \quad \gamma_{zx} = \frac{\partial u}{\partial z} + \frac{\partial w}{\partial x} \tag{3.70}$$

$$\varepsilon_z = \frac{\partial w}{\partial z}, \quad \gamma_{xy} = \frac{\partial v}{\partial x} + \frac{\partial u}{\partial y}$$

3.3.2 有限元程序编制

1. 基本假设

在有限元程序编制过程中做了如下假设：

(1) 围岩是均质、各向同性的，塑性流动不改变材料的各向同性，对于发生膨胀的单元也按各向同性处理，设膨胀应变在各个方向是相同的。

(2) 分析中涉及的所有物理量均与时间无关。

(3) 符合小变形理论。

(4) 围岩为弹塑性固体，屈服表面由 Drucker-Prager 屈服准则定义。

关于 Drucker-Prager 屈服准则，简述如下：

屈服函数为

$$f(\sigma) = \alpha(\omega) I_1 + \sqrt{J_2} - K(\omega) \tag{3.71}$$

式中，I_1 为应力的第一不变量；J_2 为应力的第二不变量；$\alpha(\omega)$ 和 $K(\omega)$ 为材料的常数。

各参数可由以下各式求出：

$$I_1 = \sigma_x + \sigma_y + \sigma_z$$

$$J_2 = \frac{1}{6} \left[(\sigma_x - \sigma_y)^2 + (\sigma_y - \sigma_z)^2 + (\sigma_z - \sigma_x)^2 \right] + \tau_{xy}^2$$

$$\alpha = \frac{\tan\varphi_\omega}{\sqrt{9 + 12\tan^2\varphi_\omega}}$$

$$K = \frac{3C_\omega}{\sqrt{9 + 12\tan^2\varphi_\omega}}$$

式中，C_ω 为黏结力，为吸水率的函数；φ_ω 为内摩擦角，为吸水率的函数。

2. 有限元计算程序的编制

程序的编制采用初应力法。考虑围岩膨胀的机理，膨胀由开挖后应力的重新分布和吸水引起，即膨胀只与围岩重新分布的最终应力状态有关，而与加载步骤无关，所以在分段加载时按一般的弹塑性问题处理，在所有外荷载加载完之后再进行膨胀分析，仅对进入膨胀的单元，按上面推导的本构和支配方程进行计算，膨胀荷载仍采用分级的加法，直至单元的前后两次迭代的应力第一不变量之差小于一指定值(此处为 0.0001)。

程序中考虑了过渡单元，即在增量求解时可能遇到的部分单元，在本次荷载增量之前处于弹性状态($f < 0$)，本次荷载施加过程中进入塑性状态($f > 0$)。但是，如果一次增量加载进入屈服的元素较多，从弹性刚度阵突然变为塑性刚度阵，会引起相当大的误差。这种过渡状态的单元,屈服点的应力对应于两次荷载增量之间的某一值。该屈服点须用插值求得,因此用过渡系数 m 来调整。其初次迭代的弹塑性应力增量的计算如下:

$$[\bar{D}_{ep}]=m[D_e]+(1-m)[D_{ep}] \tag{3.72}$$

式中,$m=\dfrac{\Delta\varepsilon_s}{\Delta\bar{\varepsilon}_{es}}=\dfrac{\bar{\varepsilon}_s-\bar{\varepsilon}}{\Delta\bar{\varepsilon}}$,$m$ 为过度系数,$0<m<1$,$\Delta\varepsilon_s$ 为达到屈服所需要的等效应变,$\Delta\bar{\varepsilon}_{es}$ 为这次加载所引起的等效应变增量。

程序中还加了迭代因子,主要考虑围岩膨胀会出现大范围的塑性区时收敛速度甚缓,以迭代因子来改变收敛性。

迭代因子取决于单元的塑性程度,即在每次迭代中 f 值越大($f>0$),则表明应力偏离屈服面越远,当采用 Drucker-Prager 屈服准则时,有

$$f(\sigma)=\alpha I_1+\sqrt{J_2}-K>0 \tag{3.73}$$

$$\alpha I_1+\sqrt{J_2}>K \tag{3.74}$$

$$A=\frac{K}{\alpha\times I_1+\sqrt{J_2}}=\frac{K}{f+K} \tag{3.75}$$

取比值来表示单元的塑性程度,并取

$$\delta=1-A \tag{3.76}$$

显然,f 越大,A 越小,δ 亦越大;反之,当 $f\to0$ 时,则 $\delta=0$,取 δ 值作为迭代因子,则对于每次迭代,非线性应力及初应力的等效荷载应为

$$\{\sigma_i\}_j=\{\sigma_i\}_{j-1}+(1+\delta)\{\Delta\sigma_p\}_j \tag{3.77}$$

$$\{\Delta f_p\}_j=(1+\delta)\int_V[B]^T\{\Delta\sigma_p\}_j\mathrm{d}V \tag{3.78}$$

式中,i 为荷载增量次数;j 为迭代次数。

采用上述迭代因子可以明显减少迭代时间。

在程序编制时,利用有限元程序的前处理及后处理程序,并建立与高级科技绘图软件接口的顺序文件,使得在微机上进行有限元计算方便、准确,节省处理数据和绘制最终结果图的时间。详细的程序编制方法,在此不再详述,程序框图如图 3.1 所示。

3.3.3　计算结果与实测结果的对比分析

在程序调通后,将其与室内试验实测结果进行对比分析,以便验证程序正确性的同时进行计算分析。

1. 计算情况

按空间轴对称问题计算。范围按试件实际大小一致取值:直径 7cm,厚度

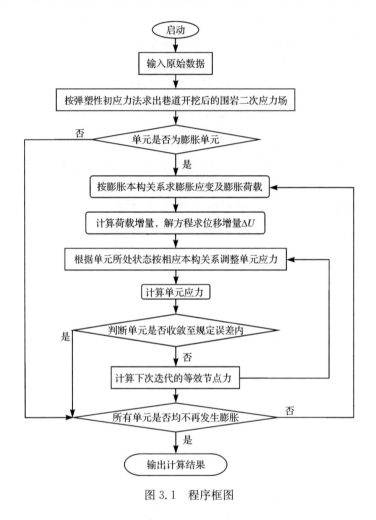

图 3.1　程序框图

2cm。采用六面体八节点实体单元,共有单元 5000 个,节点 6683 个。两侧边界及底部边界均取连杆约束,上部为自由表面。

2. 计算工况

参照第 2 章膨胀红砂岩力学性质试验,采用控制变量的方法,分别计算吸水率为 3％、6％、9％、12％及荷载为 100kPa、200kPa、300kPa、350kPa、500kPa 共 16 种工况下的膨胀位移。

3. 物理力学指标

计算采用 Drucker-Prager 屈服准则,红山窑膨胀红砂岩的物理力学指标见表 3.1。

表 3.1　红山窑膨胀红砂岩物理力学指标

干容重 /(g/cm³)	轴向荷载 /kPa	弹性模量 $E=a\ln\omega-b$ 回归系数		泊松比 $\mu=a\omega-b$ 回归系数		抗压强度 $\sigma=a\ln\omega-b$ 回归系数		凝聚力 c/kPa	内摩擦角 φ/(°)
		a	b	a	b	a	b		
	0	−205.12	330.92	0.0197	0.21	1.6487	2.7362		
	50	−321.47	546.89	0.0192	0.21	2.1043	3.6784		
1.91	100	−459.29	692.97	0.0186	0.22	2.9679	4.6394	23.61	30.53
	200	−552.76	859.96	0.0173	0.23	3.9914	6.3051		
	350	−669.10	981.42	0.0161	0.25	5.3490	7.5685		

结构有限元剖分图如图 3.2 所示。图 3.2 中 XY 面为水平面，Z 向为竖直方向。

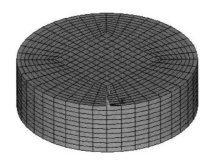

图 3.2　结构有限元剖分图

3.3.4　计算结果与分析

1. 计算结果

红山窑膨胀红砂岩 16 种计算工况的内力计算结果见表 3.2。计算的膨胀效果及位移如图 3.3～图 3.12 所示。其中，应力单位为 kPa，位移单位为 m。

选取荷载为 200kPa 时，计算的膨胀效果图和膨胀位移图如图 3.3～图 3.12 所示。

不同荷载情况下，模型计算值与实测值的比较如图 3.13～图 3.17、表 3.3 所示。

表 3.2　膨胀应变计算值

轴向荷载 /kPa	屈服、受拉 单元	吸水率状态					
		0	0～3%	0～6%	0～9%	0～12%	0～饱和
0	屈服单元	0	290	1163	1511	2274	2451
	受拉单元	0	655	864	1195	1296	1389
	屈服＋受拉	0	945	2027	2706	3570	3840
50	屈服单元	145	571	1549	1937	2277	2804
	受拉单元	0	583	798	1154	1227	1320
	屈服＋受拉	145	1154	2346	3091	3503	4124
100	屈服单元	348	824	1856	2277	2593	3025
	受拉单元	0	516	766	1073	1163	1264
	屈服＋受拉	348	1340	2622	3350	3756	4289
200	屈服单元	592	1032	2076	2462	2723	3239
	受拉单元	0	476	606	876	969	1059
	屈服＋受拉	592	1508	2683	3338	3692	4298
350	屈服单元	725	1441	2451	2787	3335	3869
	受拉单元	0	232	360	682	742	795
	屈服＋受拉	725	1673	2810	3468	4077	4663

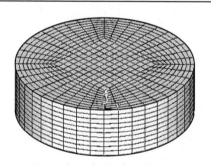

图 3.3　膨胀效果图(吸水率 0～3%)

2. 结果分析

根据数值模拟计算结果得出以下结论:

(1) 从表 3.2 可以看出,吸水率对膨胀红砂岩受拉破坏区、塑性屈服区范围影响不同。3%～6% 的吸水率对塑性屈服区范围影响较为敏感,这与室内试验的结果是一致的;6%～9% 的吸水率对受拉破坏区范围影响较为敏感。轴向荷载对膨胀红砂岩受拉破坏区、塑性屈服区范围影响效果一致;当轴向荷载小于 200kPa 时,

0		0.786×10^{-12}		0.236×10^{-11}		0.393×10^{-11}		0.550×10^{-11}	
			0.157×10^{-11}		0.314×10^{-11}		0.472×10^{-11}		0.629×10^{-11}

图 3.4　膨胀位移图(吸水率 0~3%)

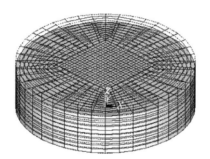

图 3.5　膨胀效果图(吸水率 0~6%)

0		0.236×10^{-11}		0.707×10^{-11}		0.118×10^{-10}		0.165×10^{-10}	
			0.472×10^{-11}		0.943×10^{-11}		0.141×10^{-10}		0.189×10^{-10}

图 3.6　膨胀位移图(吸水率 0~6%)

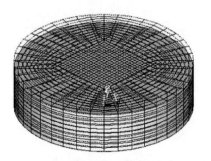

图 3.7　膨胀效果图(吸水率 0~9%)

0　　0.165×10^{-10}　0.495×10^{-10}　　0.825×10^{-10}　　0.116×10^{-9}
　　　0.330×10^{-10}　0.660×10^{-10}　　0.990×10^{-10}　　0.132×10^{-9}

图 3.8　膨胀位移图(吸水率 0~9%)

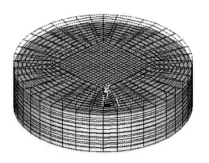

图 3.9　膨胀效果图(吸水率 0~12%)

0　　0.267×10⁻¹⁰　　0.802×10⁻¹⁰　　0.134×10⁻⁹　　0.187×10⁻⁹
　　　0.535×10⁻¹⁰　　0.107×10⁻⁹　　0.160×10⁻⁹　　0.214×10⁻⁹

图 3.10　膨胀位移图（吸水率 0～12%）

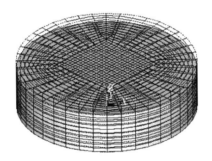

图 3.11　膨胀位移图（吸水率 0～饱和）

0　　0.369×10⁻¹⁰　　0.111×10⁻⁹　　0.185×10⁻⁹　　0.259×10⁻⁹
　　　0.739×10⁻¹⁰　　0.148×10⁻⁹　　0.222×10⁻⁹　　0.296×10⁻⁹

图 3.12　膨胀位移图（吸水率 0～饱和）

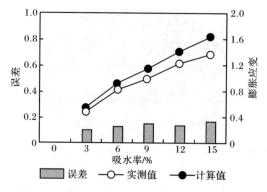

图 3.13　模型计算值与实测值的比较(荷载 0)

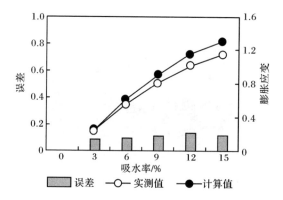

图 3.14　模型计算值与实测值的比较(荷载 50kPa)

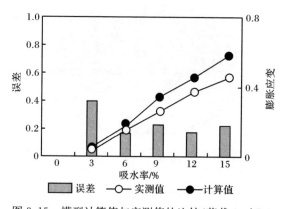

图 3.15　模型计算值与实测值的比较(荷载 100kPa)

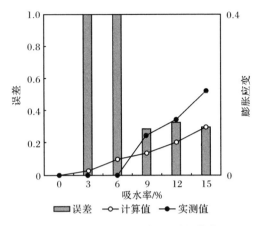

图 3.16　模型计算值与实测值的比较(荷载 200kPa)

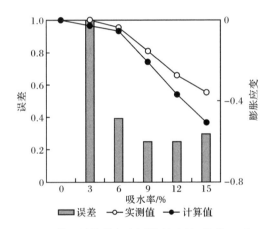

图 3.17　模型计算值与实测值的比较(荷载 350kPa)

表 3.3　不同荷载情况下模型计算值与实测值比较

轴向荷载 /kPa	膨胀 应变	吸水率状态					
		0	0~3%	0~6%	0~9%	0~12%	0~15(饱和)
0	实测值	0	0.47	0.81	0.98	1.22	1.37
	计算值	0	0.52	0.92	1.14	1.40	1.63
	误差	0	0.10	0.12	0.14	0.13	0.16
50	实测值	0	0.23	0.55	0.81	1.00	1.15
	计算值	0	0.25	0.61	0.91	1.15	1.13
	误差	0	0.08	0.10	0.11	0.13	0.12

轴向荷载/kPa	膨胀应变	吸水率状态					
		0	0~3%	0~6%	0~9%	0~12%	0~15(饱和)
100	实测值	0	0.03	0.15	0.26	0.37	0.45
	计算值	0	0.05	0.18	0.34	0.45	0.58
	误差	0	0.40	0.17	0.24	0.18	0.22
200	实测值	0	0.00	0.00	0.10	0.14	0.21
	计算值	0	0.03	0.10	0.14	0.21	0.30
	误差	0	1.00	1.00	0.29	0.33	0.30
350	实测值	0	0.00	−0.03	−0.15	−0.27	−0.35
	计算值	0	−0.02	−0.05	−0.20	−0.36	−0.50
	误差	0	1.00	0.40	0.25	0.25	0.30

受拉破坏区、塑性屈服区范围均急剧增长。结果说明,轴向荷载不应小于 200kPa;然而,当荷载大于 350kPa 时,塑性屈服区范围也将急剧增长。

（2）从表 3.3 可以看出,当荷载较低时,膨胀应变计算值与试验值吻合较好;然而,随着吸水率增长,荷载增大,尤其当吸水率大于 9% 时,误差明显变大。这一方面是由于程序未考虑试验的侧壁摩擦效应;另一方面可能由于膨胀红砂岩本身孔隙率较大,在高吸水率、高荷载作用下、产生压密现象。

（3）进行参数敏感度分析,无论吸水率增大,还是膨胀红砂岩所受荷载增长,膨胀应变都有比较明显的变化。从两种情况下的屈服区与受拉区来看,吸水率对围岩的屈服区影响较大,而荷载对围岩的受拉区影响明显。

参 考 文 献

[1] 周维垣. 高等岩石力学. 北京:水利电力出版社,1990:25~78.

[2] 刘土先. 弹塑性力学基础理论. 武汉:华中科技大学出版社,2008.

[3] 卓家寿. 弹塑性力学中的广义变分原理. 北京:水利电力出版社,1989.

[4] Hau T R. The Finite Element Method in Thermomechanics. Boston:Allen and Uwin,1986.

[5] 卢肇钧,张惠明,陈建华,等. 非饱和土的抗剪强度与膨胀压力. 岩土工程学报,1992,14(3):1~8.

[6] Bear J. 地下水水力学. 北京:地质出版社,1985.

[7] Zhong W,Zhang R. The parametric variational principle for elastoplasticity. Acta Mechanica Sinica,1988,4(2):134~137.

[8] Grob H. Swelling and heave in Swiss tunnels. Bulletin of Engineering Geology and the Environment,1975,14(1):55~60.

[9] 杨庆. 膨胀岩与巷道稳定. 北京:冶金工业出版社,1995.

[10] Gysel M. Design methods for struture in swelling rock//International Symposium for Rock Mechanics,Montreal,1987.

[11] Einstein H. Tunneling in swelling rock. Underground Space,1979,4(1):51~61.

[12] Wittke W,Pierau B. Fundamentals for the design and construction of tunnels in swelling rock//The Fourth International Congress on Rock Mechanics,Montreux,1979.

[13] 孙钧,李成江. 膨胀性围岩力学机制及其隧洞支护效应的数值模拟分析//中国土木工程年会,北京,1988.

[14] 朱珍德,张爱军,徐卫亚. 脆性岩石全应力-应变过程渗流特性试验研究. 岩土力学,2002,23(5):555~558.

[15] 朱珍德,张爱军,徐卫亚. 隧洞围岩拉压不同弹性模量理论的解析解. 河海大学学报,2003,31(1):21~24.

[16] 朱珍德,张爱军,徐卫亚. 脆性岩石损伤断裂机理分析与实验研究. 岩石力学与工程学报,2003,22(9):1411~1416.

[17] 朱珍德,徐卫亚,张爱军. 空洞裂隙对岩体强度影响的损伤力学分析. 岩石力学与工程学报,2002,21(66):1946~1951.

[18] 张爱军,朱珍德,邢福东. 基于湿度应力场理论的膨胀岩弹塑性本构模型. 岩土力学,2004,25(5):700~702.

第4章 膨胀红砂岩渐进破坏损伤理论研究

4.1 概　　述

岩石(体)是含夹杂、孔洞、裂隙和微观结构面的非均匀各向异性材料。岩石损伤破坏大部分从微细损伤现象开始,萌生出微小裂纹继而扩展直至断裂,其裂纹扩展和力学特性与材料的微观结构、受力状态密切相关[1]。随着水利水电、采矿、交通运输、建筑等领域大型工程迅速兴起和岩石力学的发展,岩石类材料的宏细观裂纹扩展演化及渐进破坏损伤理论的研究越来越受到重视。

膨胀红砂岩渐进破坏理论属于损伤理论的范畴,但岩石类材料多相性带来的细观结构的复杂性和宏观响应的离散性,使得利用试验方法研究损伤理论的难度大大增加。缺乏细观损伤和裂纹扩展的定量试验而难以对损伤特征进行真实描述,无法建立起微观结构变化与宏观力学响应之间的联系。

通过岩石细观结构的定量试验研究,将岩石细观结构量化理论引入损伤力学理论中,能够在本质上反映岩石的变形特性,建立岩石力学性质与细观结构的内在联系,这不仅对岩石力学理论进一步研究具有一定的科学意义,而且对分析评价岩体工程性质及对工程建设的适应性具有重要的现实意义。

本章通过试验研究膨胀红砂岩在单轴压缩作用下的细观结构渐进演变规律,得到能反映细观结构损伤动态演化的特征参数;结合膨胀红砂岩典型的全应力-应变曲线和细观孔隙面积比以及表观裂损度演化规律,分析膨胀红砂岩损伤演化过程,并对岩石的初始损伤和损伤局部化进行研究,为膨胀红砂岩渐进破坏损伤理论奠定坚实基础。

4.2 膨胀红砂岩细观损伤演化试验研究

在第2章已分析了膨胀红砂岩在单轴压缩条件下的吸水率对破坏形式和变形、强度特性的影响,研究了膨胀红砂岩在不同吸水率下宏观损伤力学的演化规律。本章利用岩土微细结构光学测试系统对不同吸水率下膨胀红砂岩单轴压缩渐进破坏的细观机理进行研究。

4.2.1　试验简介

1. 试验仪器

岩土微细结构光学测试系统[2]（图 4.1、图 4.2）主要由加载系统、图像采集系统和图像处理系统三部分组成。该系统可以在试验过程中通过控制加载装置，在镜下对试样进行单轴和三轴加载试验，并可实时、动态地原位观测和记录加载过程中试件发生的微细观结构变化，精确地测量试样轴向荷载和变形量。该系统轴向荷载为 $0\sim5\text{kN}$，侧向压力为 $0\sim1\text{MPa}$，轴向位移范围为 $0\sim55\text{mm}$；Questar-QM100 型长距离显微镜的最大分辨率为 $1.1\mu\text{m}$，工作范围为 $15\sim35\text{cm}$。

图 4.1　微细结构光学测试系统

（1）加载系统。三轴加载装置是根据试验要求研制的，加载舱采用半圆柱体形状，观测面采用高强度和高透明的玻璃板。轴向压力通过蜗轮蜗杆施加，在蜗杆与轴压加载压头间安装轴向压力传感器、轴向位移传感器；围压通过半圆筒状橡胶囊从试样周围施加，围压充气口处安装有侧向压力传感器，试样观测断面上的围压由玻璃板的反力提供，根据半圆柱体的对称性可知，观测断面上 $\sigma=\sigma_3$。施加的轴向荷载范围为 $0\sim5\text{kN}$，精度为 1N；侧向压力范围为 $0\sim1\text{MPa}$，精度为 0.005MPa；侧向位移范围为 $0\sim55\text{mm}$，精度为 0.01mm。轴向压力传感器、轴向位移传感器和侧向压力传感器分别通过光缆与微型计算机相连，将采集到的荷载和位移信息直接传入计算机。

（2）数据采集系统。图像采集系统由长距离显微镜、三轴位移平台、CCD 摄

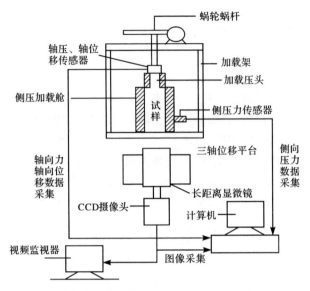

图 4.2　微细结构光学测试系统示意图

影仪和视频监视器组成。将长距离显微镜固定在三轴位移平台上,正对加载舱的观测断面(玻璃板面)进行观测,长距离显微镜后接 CCD 摄像头,经 CCD 摄像头拍摄到的微细结构图像分别由光缆传入视频监视器和计算机中,通过分析视频监视器和计算机中的微细结构图像来观察、跟踪目标区域。

(3) 数据处理系统。由 CCD 摄像仪拍摄微细结构图像传入计算机后经图像采集卡处理后转化为数字图像,利用微细结构处理程序 Geo-image 可以实现加载过程中按要求实时对微细结构图像进行自动捕捉、自动存盘,并对所得到的微细结构图像进行分析处理,提取微细结构量化信息。

岩土微细结构光学测试系统的基本工作原理可以概括为:利用特别研制的三轴加载设备对试样施加荷载(本试验中只施加了轴向荷载,围压未加),加载的同时由 CCD 摄像仪连续拍摄经长距离显微镜放大的岩土体微细结构照片,将得到的视频图像分别传输到视频监视器和计算机中,利用图像采集卡将传入计算机的视频图像转化为数字图像,试样承受的荷载信息及轴向位移采用压力传感器和位移传感器测读,并同时传入计算机中。利用岩土微细结构分析程序 Geo-image 对微细结构图片序列进行分析处理,获得微细结构的孔隙总面积、孔隙率、孔隙数目、位移、孔径分布、粒度分布、平均面积、平均周长、颗粒定向度等量化信息。

2. 试验过程简介

膨胀红砂岩细观损伤演化试验同单轴压缩试验相同,按吸水率不同的 6 个工况进行,每个工况准备 3 个试样。为了全面反映膨胀红砂岩受荷载时细观结构的演化规律,在试样的观测面设置了 9 个观察点,试样各观察点的尺寸分布距离如图 4.3 所示。

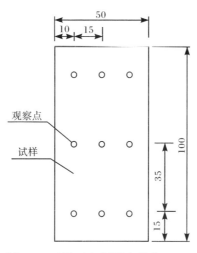

图 4.3 试样观察点详图(单位:mm)

试验前调好长距离显微镜与试样间距离以及显微镜的焦距后,对试验放大倍数进行标定,然后将试件安装在三轴加载舱内,接上位移传感器的传感头,调节蜗轮使加载压头与试样顶面刚好接触(暂不施加轴向荷载),运行图像分析软件保存试样初始状态 9 个观察点的微细结构照片,转动蜗杆施加轴向压力,调节三轴位移平台,运行图形采集软件实时捕捉并保存试样 9 个观察点的微细结构照片,同时运行传感器数据采集程序得到试样在相应荷载位移下的微细结构连续动态变化的图像序列。

当试样到达应力峰值并伴随试件出现破坏后,对局部出现的宏观裂缝、崩解等破坏形式也进行细观图片的拍摄;同时用相机对试样进行宏观破坏形态的拍摄。

4.2.2 水对膨胀红砂岩细观结构变化的影响

通过 RMT 单轴压缩试验得出吸水率对峰值应力、应变、弹性模量、变形模量等力学参数的影响,即对岩石宏观力学特性的影响,这里通过对膨胀红砂岩进行细观单轴压缩试验,得到膨胀红砂岩不同吸水率条件下典型的应力-应变曲线,如图 4.4 所示。

与 RMT 单轴压缩试验得出的应力-应变曲线相比,RMT 单轴压缩试验和微观结构光学测试系统的压缩试验的应力-应变曲线相当吻合;仅有的不同之处在于 RMT 单轴压缩试验的峰值强度、弹性模量比微细结构光学测试系统的压缩试验高,

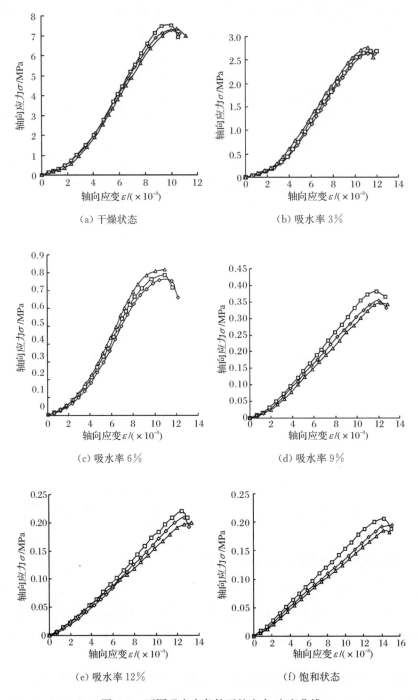

图 4.4　不同吸水率条件下的应力-应变曲线

峰值应变比后者大,原因在于试验仪器的加载系统不同,一个是刚性伺服加载,一个是柔性加载,柔性加载系统使试样受力后有充分的塑性流动变形,所以它们的轴向应变、侧向应变增大,峰值强度、弹性模量减小。由于该试验系统不具备刚性加载系统,因此无法获得软化过程的应力-应变曲线。

　　同时,通过对膨胀红砂岩进行细观单轴压缩试验,也得到不同应力状态下的细观结构变化和宏观裂纹图像,由于图片数量较多,下面给出一个具有代表性岩样(干燥状态)的完整试验图像,如图 4.5 所示。

(a) 观察点 1,10 个连续应力状态(300 倍)

(b) 观察点 2,10 个连续应力状态(300 倍)

(c) 观察点 3,10 个连续应力状态(300 倍)

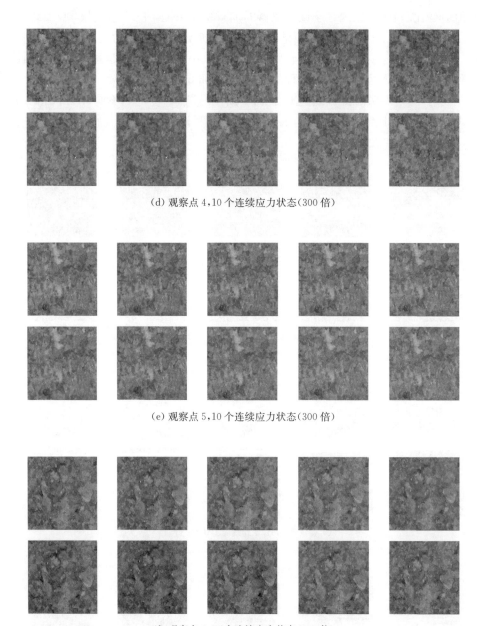

(d) 观察点 4,10 个连续应力状态(300 倍)

(e) 观察点 5,10 个连续应力状态(300 倍)

(f) 观察点 6,10 个连续应力状态(300 倍)

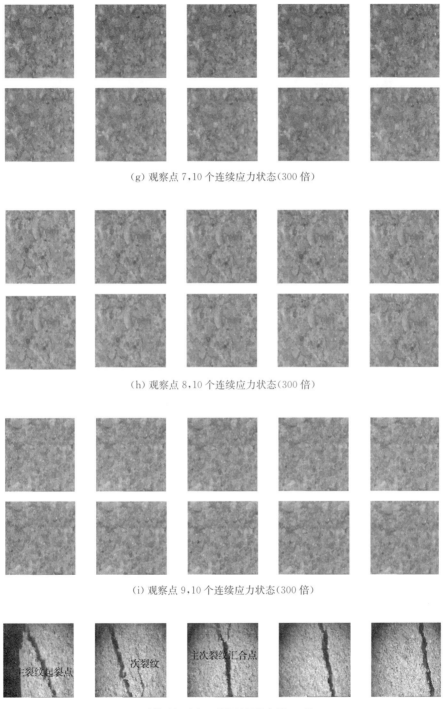

(g) 观察点 7,10 个连续应力状态(300 倍)

(h) 观察点 8,10 个连续应力状态(300 倍)

(i) 观察点 9,10 个连续应力状态(300 倍)

(j) 试样破坏时宏观裂纹局部放大图(20 倍)

(k) 试样破坏时整体宏观图像

图 4.5 试样细观结构变化和宏观裂纹图像

对于图 4.5 中 9 个观察点的细观结构变化图像,由于细观结构变化非常小,肉眼无法识别,因此接下来运用 Geo-image 图像处理程序重点对此微观结构图像进行处理分析,本节不做详细分析。而对于图 4.5 的宏观裂纹图像,在试验过程中发现当岩样的吸水率较低时,岩样在低应力状态下几乎看不到微裂纹的扩展,当应力达到较高水平时岩样会突然产生宏观裂纹导致破坏,并伴随有明显的破裂声,最终产生的宏观裂纹比较单一;当岩样吸水率较高时,岩样在低应力状态时已经可以清晰地看到遍布的微裂纹,并伴随着应力水平的提高微裂纹不断地萌生、扩展、贯通直至最后岩样失稳破坏,最终的宏观裂纹发展得非常丰富。

4.3 膨胀红砂岩损伤演化的数字图像分析描述

基于上述微观试验结果,用数字图像处理软件 Geo-image 做进一步分析,通过对细观结构图像信息的量化,得到能反映细观结构损伤动态演化的特征参数。

4.3.1 Geo-image 程序简介

为了便于对 Geo-image 图像处理程序进行说明,按照图片处理分析的顺序对程序各键的功能和原理进行简要介绍,图像处理程序界面如图 4.6 所示。

1. 图像前处理

当采集来一幅图像后,由于各种客观原因(试验时光线的强弱、电压及频率的波动以及摄影者视角的变化等),不能马上提取量化信息和特征参数,必须对图像进行前期处理,达到恢复图像本来面目的目的,其内容包括以下几个方面。

(1) 图像前处理。几何校正、灰度整体修正,消除噪声。

对图像的几何失真校正主要包括两个步骤:①空间变化,即对图像空间上的

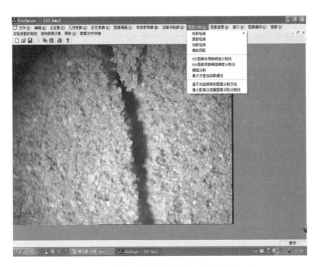

图 4.6　微细结构图像处理程序界面

像素进行重新排列以恢复原空间关系；②灰度插值变化，即对空间变化后的像素赋予相应的灰度值，以恢复原位置的灰度值。

图像灰度整体修正是由于光照环境不能绝对地恒定不变，因此连续拍摄的图像背景的灰度并不一致，需要进行整体上灰度修正。

在图像的传输过程中，由于噪声污染，图像质量会有所下降，必须对这些降质的图像进行改善处理。将图像中感兴趣的区域有选择地突出，而衰减次要信息，从而提高图像的可读性。图像平滑是一种实用的数字图像处理技术，主要目的是减少图像的噪声。

（2）图像预处理。对比度调整、亮度调整、直方图均衡化、直方图规定化。

亮度是指从对象或图像表面反射的光线数量，或者从一个光源发射出来的光线数量。亮度的调整，是对人眼亮度感觉的调整，亮度越高，颜色越饱和，可观察细节就越多。对比度是指图像亮色区域和阴暗区域之间的反差比例。一张对比度高的图片，包含反差很大的黑色白色区域或深色浅色区域，几乎没有灰阶过渡，而往往对比度和亮度需要同时调整。

直方图均衡化的目的是通过点运算使输入图像转化为在每一灰度级上都有相同像素点数的输出图像（即输出的直方图是平的）。这对于在进行图像比较和分割之前将图像转化为一致的格式是十分有益的。直方图均衡化的结果是唯一的，而直方图规定化可以使直方图成为某个特定的形状，从而可以控制达到预定目标。

（3）图像处理。图像变化、图像锐化、局部增强。

为了有效快速地对图像进行处理和分析，常常需要将原定义在图像空间的图像（空间域）以某种形式转化到频域空间，并利用频域空间的特有性质方便地进行一定的加工,最后再转化到图像空间以得到所需的效果。傅里叶变换是一种常见的正交变换,其他还有沃尔什变换、霍特林变换等。

边缘模糊是图像中常见的质量问题,由此造成的轮廓不清晰,线条不鲜明使图像特征难以提取、识别和理解。图像模糊的实质就是图像受到平均或者积分运算造成的,因此可以对图像进行微分运算来使图像清晰化。图像锐化一般有两种方法:一种是微分法;另一种是高通滤波法。

在实际应用中常需要对图像的某些局部区域的细节进行增强,而从整幅图算得的变化并不能保证在这些关心的局部区域得到所需的增强效果。直方图变化是空间域增强最常用的方法,它也最容易用于图像的局部增强,只需要先将图像分成一系列小区域。

(4)图像分割。边缘检测、轮廓提取、种子填充、灰度阈值分割、区域生长分割。

图像分割就是把图像分成若干个有意义的区域。对岩土体微细结构图片来说,主要是分割出孔隙、颗粒和连接带等。按照图像的某些特征将图像分成若干个区域,在每个区域内部有相似或相同的特性,而相邻区域的特性不同。基于不同的图像模型,大致分为基于边缘检测的方法和基于区域生成的方法两大类。基于边缘检测的分割方法首先检出局部特性的不连续性,再将它们连成边界,这些边界把图像分成不同的区域。基于区域生成的方法是将像素分成不同的区域。

2. 图像后处理

由于分析手段和观察角度的差异,特征参数的组合取舍也因人而异。吴义祥[3]认为描述黏性土结构状态的有效参数是结构熵 E,胡瑞林[4]提出了类似粒级熵 $E_{粒级}$ 的计算方法,并且利用分形几何学的分维表达式对图像结构要素进行量化处理,获得了丰富的结构信息。随着计算机图像识别和理解技术的飞速发展,该 Geo-image 图像处理程序将结构参数分为纹理特征参数、形状特征参数、其他特征参数三大类。

(1)纹理特征参数。

纹理特征参数包括原始图像特征参数、灰度共生矩阵特征参数、灰度-梯度共生矩阵特征参数。

原始图像特征参数包括:①纹理基元,即一种或多种图像基元的组合,具有一定的大小和形状。试验所得原始图像的纹理基元主要指颗粒、孔隙、裂隙、接触带等;②纹理基元的排列组合,即基元排列的疏密、周期性、方向性等的不同,能使图像的外观产生较大的变化。

灰度共生矩阵特征参数提出纹理是由灰度分布在空间位置上反复出现而形成的,因而在图像空间中相隔某距离的两像素间会存在一定的灰度关系,这种关系称为图像中灰度的空间相关特性。灰度共生矩阵可以通过研究灰度的空间相关性来描述纹理。具体包括二价矩、对比度、熵、方差、差平均等。

灰度-梯度共生矩阵法是灰度直方图和边缘梯度直方图的结合。图像的灰度直方图是图像最基本的统计信息。图像梯度信息的获得是通过使用各种微分算子检出图像中的灰度跳跃部分。将图像梯度信息加进灰度共生矩阵，则使共生矩阵能包含图像的纹理基元及排列信息。

（2）形状特征参数。

形状特征参数包括几何特征和矩特征。

图像经过边缘检测提取和图像分割等操作，就会得到目标的边缘和轮廓，也就获得了目标的形状。目标的形状特征均可由其几何属性和拓扑属性来描述。

几何特征包括：颗粒的总面积、相对面积、颗粒的数目、颗粒平均圆形度、粒度分布、不均匀系数、平均颗粒面积、最大颗粒面积、孔隙总面积、相对面积、平均孔隙面积、孔隙数目、平均孔隙比、曲率系数、孔径分布、复杂度。

矩特征包括：零阶矩、一阶矩、二阶矩、矩组、扁度和欧拉数。

（3）其他特征参数。

其他特征参数包括平面分布分维和定向度。

一幅图像中的颗粒分布情况既反映颗粒系统的形态，又可以说明岩土体的密实情况。颗粒的分布分维越小反映岩土体颗粒分布分散，集团化程度低，密度越大。孔隙的分布分维与颗粒的分布分维类似。

在图像处理中，颗粒的定向性以其最长弦的方位确定，对应的参数为方位角 α。不同的颗粒有不同的方位，方位角可以取 $0\sim\pi$ 中的任何值。施斌[5]将概率熵引入微细结构分析中，表示微细结构单元体排列的有序性。

4.3.2　细观结构演化量化分析

1. 孔隙面积比

为了得到细观结构图像动态信息变化，利用 Geo-image 程序对图 4.5 中的各个图像进行灰度处理及细观结构特征参数的提取；对每个观察点选取能体现动态细观结构变化的五张图片，如图 4.7 所示。

(a) 观察点 1

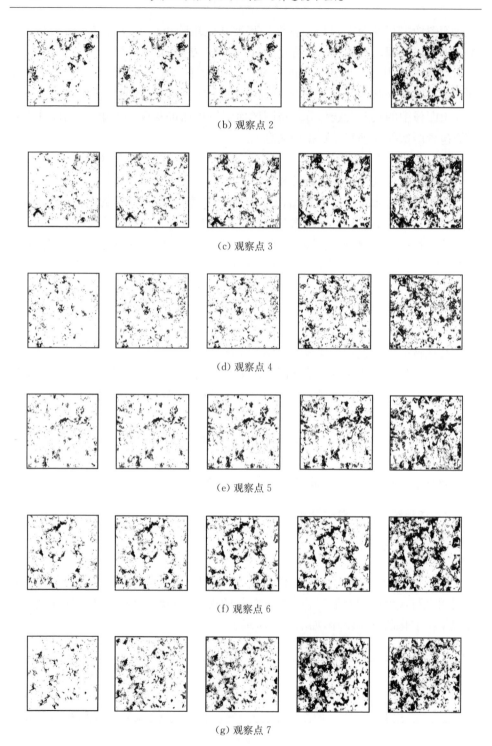

（b）观察点 2

（c）观察点 3

（d）观察点 4

（e）观察点 5

（f）观察点 6

（g）观察点 7

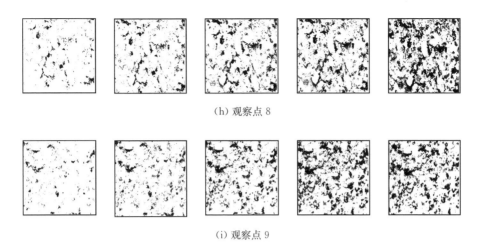

(h) 观察点 8

(i) 观察点 9

图 4.7　细观结构图像灰度处理图

从图 4.7 每个观察点的连续灰度变化图像中可以清楚地看到,随着轴向荷载的增加微裂隙不断地萌生、扩展及贯通(黑色部分代表微裂隙、孔隙),因此前人采用宏观损伤力学方法,假设峰值强度前损伤不扩展来研究岩石类材料的本构关系显然是不合理的。为了定量分析峰值前损伤演化情况,必须借助从微观图像中提取的细观结构特征参数,下面分别针对 9 个观察点列出各个细观特征的参数演化表,见表 4.1～表 4.9。

表 4.1　第 1 观察点细观结构特征参数随应变变化($\omega=0$)

应变 /($\times10^{-3}$)	熵	面积比/%		定向度		分布分维	
		颗粒	孔隙	颗粒	孔隙	颗粒	孔隙
0.0	0.92	95.92	4.08	0.969	0.076	1.549	0.471
3.0	1.01	95.42	4.58	0.958	0.120	1.545	0.708
6.0	1.04	93.45	6.55	0.939	0.184	1.540	0.879
9.0	2.76	84.33	15.67	0.898	0.294	1.526	1.079
10.4	3.98	76.09	23.91	0.883	0.327	1.520	1.095

表 4.2　第 2 观察点细观结构特征参数随应变变化($\omega=0$)

应变 /($\times10^{-3}$)	熵	面积比/%		定向度		分布分维	
		颗粒	孔隙	颗粒	孔隙	颗粒	孔隙
0.0	0.91	95.16	4.84	0.962	0.105	1.546	0.672
3.0	1.04	95.23	4.77	0.960	0.115	1.545	0.674
6.0	1.07	94.19	5.81	0.954	0.133	1.543	0.799

应变 /(×10⁻³)	熵	面积比/%		定向度		分布分维	
		颗粒	孔隙	颗粒	孔隙	颗粒	孔隙
9.0	2.34	85.85	14.15	0.925	0.225	1.535	0.915
10.4	3.84	80.41	19.59	0.882	0.331	1.521	1.105

表 4.3　第 3 观察点细观结构特征参数随应变变化($\omega=0$)

应变 /(×10⁻³)	熵	面积比/%		定向度		分布分维	
		颗粒	孔隙	颗粒	孔隙	颗粒	孔隙
0.0	0.98	95.18	4.82	0.964	0.101	1.547	0.493
3.0	1.08	95.01	4.99	0.959	0.118	1.544	0.677
6.0	1.34	93.02	6.98	0.929	0.218	1.534	0.943
9.0	2.51	81.59	18.41	0.886	0.325	1.519	1.106
10.4	3.68	75.51	24.49	0.841	0.413	1.501	1.224

表 4.4　第 4 观察点细观结构特征参数随应变变化($\omega=0$)

应变 /(×10⁻³)	熵	面积比/%		定向度		分布分维	
		颗粒	孔隙	颗粒	孔隙	颗粒	孔隙
0.0	0.90	94.91	5.09	0.963	0.103	1.546	0.602
3.0	1.24	93.61	6.39	0.950	0.147	1.543	0.696
6.0	1.55	91.50	8.50	0.933	0.201	1.537	0.816
9.0	2.98	82.85	17.15	0.857	0.378	1.510	1.172
10.4	3.49	77.77	22.23	0.837	0.415	1.501	1.197

表 4.5　第 5 观察点细观结构特征参数随应变变化($\omega=0$)

应变 /(×10⁻³)	熵	面积比/%		定向度		分布分维	
		颗粒	孔隙	颗粒	孔隙	颗粒	孔隙
0.0	1.05	95.26	4.74	0.962	0.104	1.546	0.527
3.0	1.15	95.14	4.86	0.948	0.149	1.543	0.785
6.0	1.57	92.30	7.70	0.931	0.203	1.538	0.965
9.0	2.70	84.66	15.34	0.874	0.344	1.517	1.137
10.4	3.65	77.83	22.17	0.857	0.379	1.511	1.180

表 4.6　第 6 观察点细观结构特征参数随应变变化(ω＝0)

应变 /(×10⁻³)	熵	面积比/%		定向度		分布分维	
		颗粒	孔隙	颗粒	孔隙	颗粒	孔隙
0.0	1.12	94.33	5.67	0.958	0.121	1.546	0.754
3.0	1.44	93.72	6.28	0.950	0.150	1.543	0.805
6.0	1.71	91.55	8.45	0.934	0.200	1.538	0.908
9.0	2.62	82.71	17.29	0.889	0.315	1.524	1.124
10.4	3.96	76.32	23.68	0.850	0.396	1.510	1.219

表 4.7　第 7 观察点细观结构特征参数随应变变化(ω＝0)

应变 /(×10⁻³)	熵	面积比/%		定向度		分布分维	
		颗粒	孔隙	颗粒	孔隙	颗粒	孔隙
0.0	0.92	95.50	4.50	0.966	0.091	1.547	0.421
3.0	1.19	94.92	5.08	0.956	0.127	1.544	0.618
6.0	2.08	93.03	6.97	0.907	0.270	1.529	1.044
9.0	3.96	83.77	16.23	0.822	0.440	1.496	1.249
10.4	4.00	77.00	22.32	0.819	0.449	1.495	1.262

表 4.8　第 8 观察点细观结构特征参数随应变变化(ω＝0)

应变 /(×10⁻³)	熵	面积比/%		定向度		分布分维	
		颗粒	孔隙	颗粒	孔隙	颗粒	孔隙
0.0	1.06	94.14	5.86	0.959	0.116	1.546	0.709
3.0	1.24	93.78	6.22	0.952	0.143	1.543	0.764
6.0	1.52	92.21	7.79	0.896	0.300	1.526	1.081
9.0	2.93	81.63	18.37	0.829	0.435	1.499	1.246
10.4	3.95	74.92	25.08	0.801	0.480	1.487	1.286

表 4.9　第 9 观察点细观结构特征参数随应变变化(ω＝0)

应变 /(×10⁻³)	熵	面积比/%		定向度		分布分维	
		颗粒	孔隙	颗粒	孔隙	颗粒	孔隙
0.0	0.95	95.83	4.17	0.963	0.099	1.547	0.665
3.0	1.31	95.82	4.18	0.952	0.139	1.543	0.755
6.0	2.09	93.42	6.58	0.935	0.196	1.537	0.932
9.0	2.61	83.54	16.46	0.888	0.318	1.523	1.113
10.4	3.48	77.97	22.03	0.833	0.425	1.503	1.224

　　从表 4.1～表 4.9 可以发现,随着荷载的施加,孔隙面积比、定向度、分布分维不断地增大,颗粒面积比、定向度、分布分维不断地减小,而图像熵值不断地增大,正好反映微裂纹、孔洞的萌生和扩展,使得图像细观结构越来越无序。将孔隙面积比与应变关系进行曲线拟合,得出如图 4.8 所示的关系曲线。

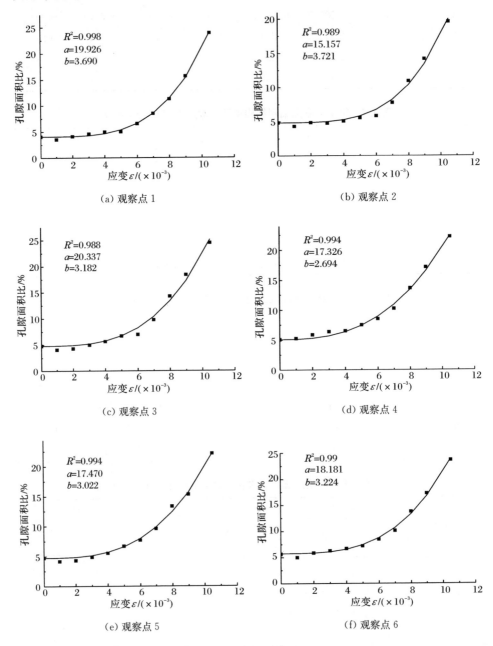

(a) 观察点 1　　　　　　　　　　　　　　(b) 观察点 2

(c) 观察点 3　　　　　　　　　　　　　　(d) 观察点 4

(e) 观察点 5　　　　　　　　　　　　　　(f) 观察点 6

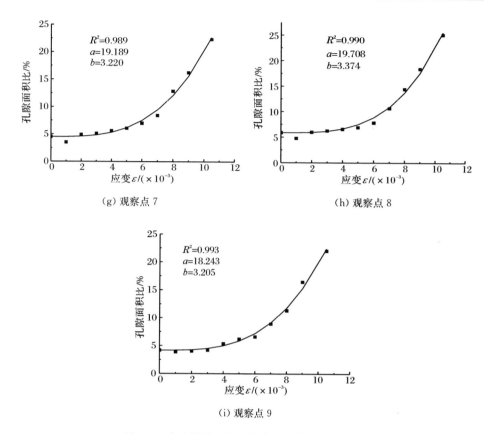

图 4.8　各点孔隙面积比与应变变化关系拟合图

表 4.10　试样细观结构平均特征参数$(\omega=0)$

岩样	初始孔隙面积比 S_0/%	拟合系数		峰值应变 ε_f /($\times 10^{-3}$)
		a	b	
1	4.64	18.282	3.259	10.4
2	4.34	18.518	3.216	10.1
3	4.85	18.054	3.137	10.6
平均值	4.61	18.285	3.204	10.4

　　依据从局部到整体的思路,通过图 4.8、表 4.10 的分析步骤,初步得到膨胀红砂岩试样$(\omega=0)$单轴压缩状态下微裂纹的萌生、扩展及贯通的演化规律,而图 4.8 中对此演化规律作出了曲线拟合,拟合方程为

$$S(\varepsilon) = S_0 + a\left(\frac{\varepsilon}{\varepsilon_f}\right)^b \tag{4.1}$$

式中,S_0 为膨胀红砂岩试样未加载时初始孔隙面积比;S 为膨胀红砂岩试样加载时孔隙面积比;a 和 b 为曲线拟合系数;ε 和 ε_f 分别为膨胀红砂岩应变和峰值应变值。

通过以上分析步骤得到表 4.10 中岩样 1 的各个微观结构特征参数值,同样也得到岩样 2、岩样 3 的参数值,通过均匀化的思想,最终得到膨胀红砂岩试样($\omega=0$)单轴压缩状态下微裂纹演化规律,如图 4.9 所示。而对于吸水率为 3%、6%、9%、12% 及饱和的膨胀红砂岩试样也分别得到微裂纹演化规律,如图 4.10～图 4.14 所示。

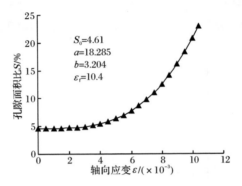

图 4.9 试样孔隙面积比与轴向应变变化关系($\omega=0$)

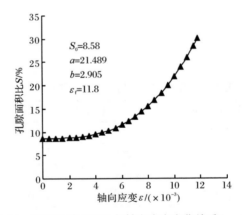

图 4.10 试样孔隙面积比与轴向应变变化关系($\omega=3\%$)

图 4.9～图 4.14 清楚地反映了在吸水率不同的情况下,膨胀红砂岩孔隙面积比 S 随轴向应变 ε 的演化关系。总体上两者关系符合式(4.1)的函数关系,只是系数 a 和 b 及初始孔隙面积比 S_0、峰值应变 ε_f 有所变化。随着试样吸水率的增加,初始孔隙面积比 S_0 不断增大,这是由于红砂岩是特殊的膨胀岩,遇水后发生一系列物理化学反应,产生了膨胀应力,致使未受外荷载的试样内部微裂隙、孔洞有所

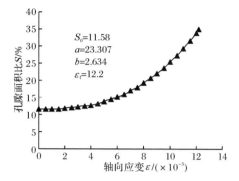

图 4.11 试样孔隙面积比与轴向应变变化关系($\omega = 6\%$)

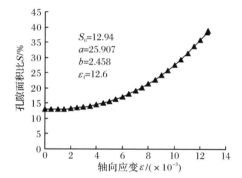

图 4.12 试样孔隙面积比与轴向应变变化关系($\omega = 9\%$)

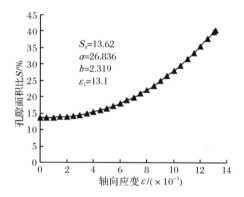

图 4.13 试样孔隙面积比与轴向应变变化关系($\omega = 12\%$)

发展;而系数 a 主要体现的是到峰值应变时试样的孔隙面积比大小,系数 b 则体现了随着应变的增大孔隙面积比增大速率的快慢。显然,随着吸水率的增大,系数 a 增大,系数 b 减小,而峰值应变 ε_f 随吸水率增大而增大,这一规律在第 2 章中已有述及。

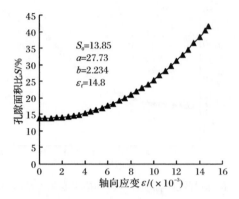

图 4.14　试样孔隙面积比与轴向应变变化关系(饱和)

　　为了进一步定量地分析系数 a 和 b 及初始孔隙面积比 S_0、峰值应变 ε_f 与吸水率 ω 的关系,运用 Origin 数学拟合程序对以上各个参数与吸水率的关系进行高精度的拟合,各拟合曲线如图 4.15~图 4.18 所示。

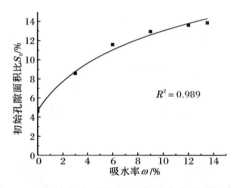

图 4.15　初始孔隙面积比 S_0 与吸水率关系拟合图

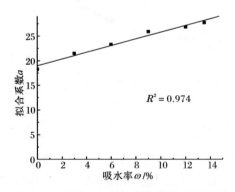

图 4.16　系数 a 与吸水率变化关系拟合图

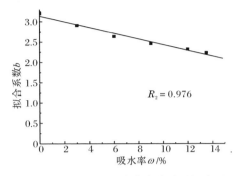

图 4.17　系数 b 与吸水率变化关系拟合图

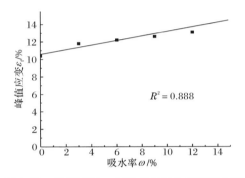

图 4.18　峰值应变 ε_f 与吸水率变化关系拟合图

通过以上分析得到单轴压缩状态下不同吸水率的膨胀红砂岩微裂纹、孔洞的演变规律,其演变方程为

$$S(\varepsilon,\omega) = S_0(\omega) + a(\omega)\left[\frac{\varepsilon}{\varepsilon_f(\omega)}\right]^{b(\omega)} \tag{4.2}$$

式中

$$S_0(\omega) = A\ln(\omega - B) \tag{4.3}$$

$$a(\omega) = C + D\omega \tag{4.4}$$

$$b(\omega) = E + F\omega \tag{4.5}$$

$$\varepsilon_f(\omega) = G + H\omega \tag{4.6}$$

式中,S、S_0、a、b、ε、ε_f 在式(4.1)中已做详细介绍,这里只是增加变量吸水率 ω($0 \leqslant \omega \leqslant 13.5\%$);而拟合系数 A、B、C、D、E、F、G、H 的值分别为 5.159、−2.470、18.994、0.680、3.134、−0.070、10.578、0.263。

2. 表观裂损度和损伤张量

前人研究得出板状样品的表面裂纹同样能够代表试样内部的开裂状况,为了定量地描述裂纹扩展状态，对试样表面进行统计分析。由于在试样表面上既存在微裂纹，又存在一些缺陷（如气泡周围的圆孔等），因而在光线照射的作用下，使用长距离显微镜拍摄的图像，常常是模糊不清的，且夹杂大量的伪裂纹。为了得到与宏观响应同步的表面裂纹的定量描述，对拍摄到的微细结构图像进行预处理，去除伪裂纹，应用软件提取微细结构量化数据，从而得到裂纹两个主要方面的信息：长度和方向。为此先依据处理数据，统计单位面积内的表面裂纹总长和相应的角度。根据以下公式计算裂纹有效长度[6]：

$$L_{cr}^{(1)} = \sum_{i=1}^{N} l_{cr}^{(i)} \cos^2 \theta^{(i)} \tag{4.7}$$

式中，$L_{cr}^{(1)}$ 为试样表面裂纹有效总长；$l_{cr}^{(i)}$ 为第 i 条裂纹的长度；N 为裂纹的总数；$\theta^{(i)}$ 为第 i 条裂纹与荷载方向的夹角。

为了建立微观结构损伤变量与宏观力学响应和物理本构方程之间的关联，利用同步试验所得图像可定量地考察裂纹的萌生、扩展和变形响应之间的关系，为此引入变量 β 表示试样的表面裂损度，其表达式如下：

$$\beta(\varepsilon) = \frac{L_{cr}(\varepsilon)}{L_{cr}^{f}(\varepsilon)} \tag{4.8}$$

式中，L_{cr}^{f} 为峰位荷载状态下裂纹的有效总长；L_{cr} 为对应应变下的裂纹统计有效总长。

将吸水率为 9% 和 12% 两种情况下得到的膨胀红砂岩试样加载过程中试样表观裂纹图像进行处理，如图 4.19 和图 4.20 所示。

利用量化公式（4.7）和式（4.8），并结合图 4.19 和图 4.20，得到试样动态表观裂损度，见表 4.11。

（a）应变=0，表观裂损度=0　　　　　　（b）应变=0.7%，表观裂损度=0.3

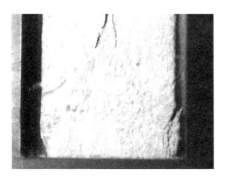
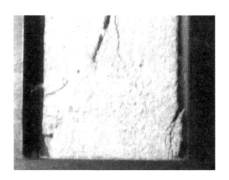

(c) 应变＝1.4％,表观裂损度＝0.823　　　　(d) 应变＝1.7％,表观裂损度＝1

(e) 应变＝2.1％,表观裂损度＝1.166　　　　(f) 应变＝2.3％,表观裂损度＝1.333

图 4.19　膨胀红砂岩试样(ω＝9％)经图像处理后的表观图

(a) 应变＝0,表观裂损度＝0　　　　　　(b) 应变＝0.5％,表观裂损度＝0.176

(c) 应变=0.7%,表观裂损度=0.368　　　　(d) 应变=1%,表观裂损度=0.789

(e) 应变=2%,表观裂损度=1　　　　(f) 应变=2.8%,表观裂损度=1.149

图 4.20　膨胀红砂岩试样($\omega=12\%$)经图像处理后的表观图

表 4.11　不同吸水率情况下试样动态表观裂损度

$\omega=9\%$		$\omega=12\%$	
应变/%	表观裂损度	应变/%	表观裂损度
0	0	0	0
0.7	0.3	0.5	0.176
1.4	0.823	0.7	0.368
1.7	1	1	0.789
2.1	1.166	2	1
2.3	1.333	2.8	1.149

　　由于岩石材料总是存在初始微裂纹、微孔洞等缺陷,有明显的非均匀和几何不连续性,因而损伤一般也具有各向异性的特点。以上表观裂损度的损伤定量方法是一种未考虑各向异性的简化方法,只是一种在试验中简化的数据处理方法,而且在岩土工程实际中应该考虑岩石的各向异性,所以依据连续损伤力学理论

(continuum damage mechanics,CDU)试探性地定量描述了从原始裂纹演化到宏观裂纹的产生过程,根据连续损伤力学理论[7],定义岩体损伤张量 $\tilde{D}$ 为

$$\tilde{D} = \frac{l}{V} \sum_{k=1}^{N} a^k (\tilde{n}^k \otimes \tilde{n}^k) = \begin{bmatrix} D_{11} & D_{12} \\ D_{21} & D_{22} \end{bmatrix} \tag{4.9}$$

式中,l 为裂隙面的最小间距;V 为体单元的体积;a^k 为第 k 条裂隙的面积;n^k 为第 k 条裂隙的法向矢量;N 为裂隙的统计总条数;D_{ij} 为裂隙各向异性损伤值。

由式(4.9),计算得到不同吸水率下损伤张量的演变值,见表 4.12 和表 4.13。

表 4.12　$\omega=9\%$ 情况下损伤张量及其特征值

应变/%	表观裂损度	损伤张量($D_{11}, D_{12}, D_{21}, D_{22}$)	向量特征值 λ
0	0	(0,0,0,0)	0
0.7	0.3	(0.177,0,0,0)	0.177
1.4	0.823	(0.424,0.026,0.026,0.008)	0.426
1.7	1	(0.512,0.035,0.035,0.110)	0.515
2.1	1.166	(0.602,0.073,0.073,0.028)	0.611
2.3	1.333	(0.753,0.116,0.116,0.052)	0.771

表 4.13　$\omega=12\%$ 情况下损伤张量及其特征值

应变/%	裂损度	损伤张量($D_{11}, D_{12}, D_{21}, D_{22}$)	向量特征值 λ
0	0	(0,0,0,0)	0
0.5	0.176	(0.034,0.006,0.006,0.006)	0.035
0.7	0.368	(0.187,0.013,0.013,0.010)	0.188
1	0.789	(0.397,0.273,0.273,0.443)	0.694
2	1	(0.539,0.273,0.273,0.443)	0.768
2.8	1.149	(0.542,0.294,0.294,0.586)	0.859

由表可以发现,随着应变的增加,损伤张量也逐渐增大,比较表观裂损度的量化方法,损伤张量更好地反映了试样裂纹发展的各向异性,而损伤张量的主值主要体现在 D_{11} 方向上,也就是表观裂损度计算所定的简化方向,所以表观裂损度简化计算方法也是可行的。在表 4.12 和表 4.13 中列出向量特征值的变化,与表观裂损度发展比较吻合,当试件破坏时一般最终损伤发展到 0.7～0.8,并未出现人们理想的 $D=1$ 破坏。

虽然这种计算方法的结果能够较好地反映工程实际情况,但在计算中较难提取条件参数,因此目前只作为试验中的数据处理方法,若应用于工程实践尚有待进一步发展。

4.4　膨胀红砂岩渐进破坏理论分析

宏观损伤力学基于连续介质力学与不可逆热力学理论,唯象地推求、拟合损伤体的本构方程和损伤演化方程,没有考虑具体的损伤演化过程,针对具体的应力-应变曲线做经验性的描述,缺少试验的支持和证明。细观损伤力学则从岩石微细观结构层次研究损伤的形态、分布和演化特征,从而预测岩石的宏观力学特征;从损伤机理的角度出发分析岩石类材料从微裂纹的萌生、贯通到材料破坏的整个过程,但由于细观结构的复杂性以及试验条件的局限性难以建立起细观损伤的定量描述,无法应用于实际工程。因此本节依托宏观和细观单轴压缩试验结果,根据宏观和细观各层次结构状态之间的关联,探究膨胀红砂岩的渐进破坏过程。

4.4.1　岩石渐进破坏理论

为了能够直观而具体地分析膨胀红砂岩损伤演化与宏观力学响应之间的关系,引用典型的膨胀红砂岩单轴压缩全应力-应变曲线加以对照,如图 4.21 所示。

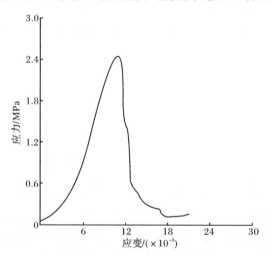

图 4.21　典型的膨胀红砂岩全应力-应变曲线

对于这样一条典型的岩石类压缩曲线,前人已经做过大量的研究工作,取得一系列成果[8~12]。早期 Mazars 在研究混凝土材料单轴拉伸、压缩损伤演化方程时,认为在峰值应力以前,应力-应变为线性关系,材料无损伤,或初始损伤不扩展;应力大于峰值后,损伤迅速非线性扩展,峰后应力-应变曲线可用一条软化包络曲线表示,这便是 Mazars 模型。而其他双线性模型、多线性模型、线弹性模型、应变软化模型等在一定范围内能反映岩石的应力-应变特征,有一定的工程应用范围。但是与岩石全应力-应变曲线相对照,这些模型还都存在较大的误差:首先人为的假设峰值前损伤为零,或初始损伤不扩展;其次依据全应力-应变曲线,在满足连续介质力学和不可逆热力学理论的前提下,经验性地提出峰值前、峰值后的损伤扩展模式。

随着计算机技术和试验手段的不断提高,人们对峰值前损伤研究状况不再满足,李兆霞等[13,14]和任建喜等[15～17]将细观损伤和宏观受力变形结合起来同步观测,进一步分析细观裂纹状态与宏观力学响应的关联,为建立细观损伤状态与宏观力学响应的宏细观综合理论开创了新局面。

李兆霞等的研究方法是利用长距离光学显微镜实时地观测和记录在加载过程中试样表面的裂纹图像,然后将图像经计算机处理分析得到表观裂损度,然后探求其与应变形成的函数关系。对于其核心内容和研究成果可用图4.22来体现,下面进行简要阐述。

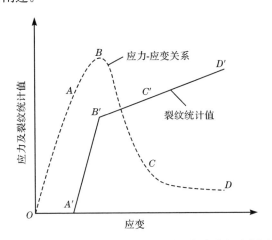

图 4.22　应力-应变曲线和表面裂纹统计阶段示意图

(1) OA 段(弹性段)。试样呈线性弹性变形阶段,材料中没有新的损伤形成,这时内部微裂纹和微孔洞的几何尺寸没有改变。试样表面基本观测不到微观裂纹,试样表面裂纹总长度统计曲线 OA' 为0。

(2) AB 段(硬化段)。试样呈非线性硬化特征,试样表面观测到不同形态与不同长度不连贯表面裂纹的萌生与扩展。对应于试样内部微裂纹的扩展贯穿过程,这个阶段新裂纹形成并稳定发展,表面裂纹总长度统计值 $A'B'$ 由0迅速上升,表明此阶段是微裂纹萌生并迅速扩展的阶段。

(3) BC 段(软化段)。应变软化阶段,相应于试件的劈裂解体过程。表面裂纹总长度统计值 $B'C'$ 基本结束呈迅速上升之势,表明此阶段是裂纹已由萌生与迅速扩展阶段转变为裂纹的贯穿阶段,试样的局部尚有新生裂纹产生。

(4) CD 段。应力-应变曲线的下降阶段,此时试样已基本劈裂解体完毕。反弯段的终点 C 点的位置较稳定,一般为峰值应力 σ_b 的 $50\%\sim60\%$。在此阶段试样的破坏基本完成,并随时可能进入试样失稳状态,由图中表面裂纹统计曲线 $C'D'$ 可见,在应力-应变曲线的峰值附近,试样基本完成裂纹的贯穿过程,试样开始劈裂解体。

任建喜等利用 CT 技术对岩石进行 CT 细观实时试验,得到岩石破坏全过程中微孔洞被压密,微裂纹萌生、发展、贯通破坏和卸荷等不同发展阶段的清晰 CT 图像。基于岩石损伤扩展的细观机理,将岩石应力-应变全过程曲线分为五段,为岩石损伤本构模型的建立提供重要基础,依据图 4.23 下面也做简要阐述:

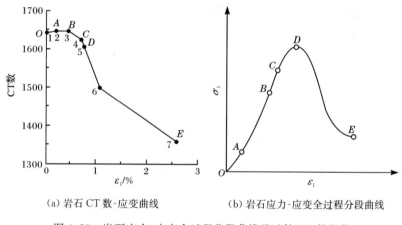

(a) 岩石 CT 数-应变曲线　　　　(b) 岩石应力-应变全过程分段曲线

图 4.23　岩石应力-应变全过程分段曲线及试件 CT 数变化

(1) 第 1 阶段是损伤弱化阶段 OA。这一阶段的 CT 数在初始损伤的基础上略有升高,方差减小,岩石密度增大,强度提高。

(2) 第 2 阶段是线性阶段 AB。这一阶段的 CT 数和方差变化不大,岩石处于弹性变形阶段。

(3) 第 3 阶段是损伤开始演化和稳定发展阶段 BC。这一阶段的 CT 数开始下降,方差略有升高,岩石微裂纹开始萌生并稳定扩展。

(4) 第 4 阶段是损伤加速发展阶段 CD。这一阶段的 CT 数减小速度加快,方差加速增大,微裂纹汇合贯通,出现宏观裂纹,岩石强度很快达到峰值。

(5) 第 5 阶段是峰后软化阶段 DE。这一阶段的 CT 数下降速度最快,方差上升几十倍,已形成的宏观裂纹迅速张开,岩石急剧扩容。

4.4.2　膨胀红砂岩细观损伤演化与宏观力学响应的关系

通过上述损伤演化规律分析可知,损伤规律研究从早期的人为假定损伤演化模式到现在通过细观试验的结果来定量分析损伤的演化规律,取得了长足的进步。借鉴前人的研究分析方法,并依据前面膨胀红砂岩的宏细观试验结果,对膨胀红砂岩进行单轴受压下损伤演化规律分析。

1. 孔隙面积比演化与宏观渐进破坏的关系

为了便于分析说明,结合微观孔隙面积演变示意图(图 4.24),将典型的膨胀红砂岩全应力-应变曲线划分为以下几个阶段。

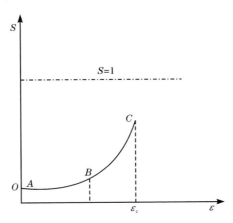

图 4.24　微观孔隙面积演变示意图

(1) 损伤弱化阶段 OA。仔细分析图 4.9 孔隙面积比与应变关系拟合图中的各点可以发现,在试样刚承受荷载时孔隙面积比会有一个小幅的下降,这是由于岩样不可避免地存在许多微裂纹、孔隙等缺陷,即初始孔隙面积;当岩样承受荷载时,初始的孔隙面积逐渐闭合减小,这反映在微观上是微观孔隙面积比逐渐减小,反映在宏观上是单轴抗压弹性模量逐渐增大,即曲线 OA 段形状。

(2) 弹性阶段 AB。这一阶段是人们认识最早也最透彻的损伤演化阶段。该阶段应力与应变的变化关系是线性的,即弹性模量是个定值;而从微观的角度来解释是由于微裂纹、孔隙闭合到一定程度后不再减小,而外荷载增大不足以产生新的裂纹,那么该阶段的微观孔隙面积保持不变,或者增长非常缓慢。

(3) 非线性强化阶段 BC。这个阶段微观裂纹迅速增长,且不断地联合贯通,增长速率越来越快,到峰值应变时增长速率达到最大值,如图 4.24 中 BC 曲线段所示;试样表面能观测到不同形态与不同长度不连贯的表面宏观裂纹的萌生与扩展,伴有微弱的岩样局部破裂声音。

(4) 峰后软化阶段 CD。这个阶段的微观孔隙面积曲线没有给出,是由于微细观试验加载系统是柔性加载,无法得到峰值后的微观孔隙面积随应变的变化;而即使加载装置是刚性加载,由于峰值后损伤扩展有局部化的特性,也无法用峰值前的九点平均分析方法,所以对于峰值后的损伤扩展模式将采用宏观损伤力学研究方法。

2. 表观裂损度演化与宏观渐进破坏的关系

依据试验结果,可以通过表观裂损度的演变过程,分析膨胀红砂岩在单轴压缩应力状态下的渐进破坏过程。

从图 4.25 可以看出,应力-应变曲线大致呈现出三个阶段:两个斜率不同的应力-应变增长段(Ⅰ、Ⅱ段)和一个应力软化段(Ⅲ段),出现这种现象是与岩石的损伤演化过程密不可分的。对应损伤变化的三个阶段如下。

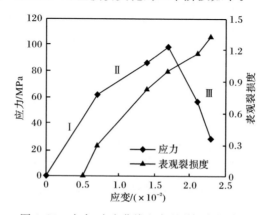

图 4.25　应力-应变曲线和表观裂损度的关系

(1) 无损伤变化阶段。当低荷载时,材料中有初始损伤(在此近似简化初始损伤为 0),而基本没有太大的新损伤形成。这时内部微裂纹和孔洞的几何尺寸几乎没有改变。其损伤演化曲线近似于水平,这恰好体现在裂损度曲线的第一段水平线上,此时对应岩石弹性阶段($0 \leqslant \sigma \leqslant \sigma_e$,应力-应变曲线的Ⅰ段)。

(2) 连续损伤阶段。在本试验中裂损度水平线未达到弹性极限 σ_e 便出现微增长,由图分析得出,当 $\sigma = (40\% \sim 50\%)\sigma_c$ 时,表观裂纹出现,随着轴向应力的增大裂纹扩展越明显。此时岩石进入弹塑性阶段($\sigma_e \leqslant \sigma \leqslant \sigma_c$,应力-应变曲线的Ⅱ段),这一阶段裂纹开始出现并稳定发展,其裂损度曲线较平滑,损伤的变化率基本稳定。

(3) 当 σ 大于 σ_c 时,也就是应力-应变曲线的Ⅲ段,进入微裂纹部分汇合的损伤开裂阶段,这一阶段由于微裂纹发展是非线性的,损伤发展是不稳定的,裂损度迅速增长,将会出现损伤发展的分叉行为,是岩石变形局部化阶段。试件中某一部分的微裂纹迅速发展、汇合,局部承载能力急剧下降,当微裂纹发展为宏观裂纹时,岩石即开始形成剪切带并发生断裂破坏[18]。

3. 损伤破坏临界值和裂纹扩展模式分析

作为一种无序介质,膨胀红砂岩在外荷载作用下的破坏过程是其内部结构逐渐劣化的结果。为进一步研究其破坏及损伤发展的特点,用式(4.2)计算应变比与损伤发展的相关关系。可以看出,随应变比增加,损伤累积速度加快并在某一临界点约为 55% 峰值应变处呈突发性变化趋势,表明膨胀红砂岩的破坏具有明显的逾渗行为。根据逾渗理论损伤的变化可表示为[19]

$$D \propto (1 - \varepsilon/\varepsilon_c)^\beta, \quad \varepsilon < \varepsilon_c \tag{4.10}$$

式中,ε_c 为临界应变;β 为临界指数。

损伤可认为是岩石内部微裂纹状态的表征,由式(4.10)及图 4.24 可看出,低应力阶段损伤发展缓慢,此时岩石中微裂纹弥散分布且相互独立;随着荷载增加,损伤发展逐渐加快,微裂纹不断扩展连通,连通的损伤区域不断出现,使微裂纹集团不断扩大。在临界损伤状态下裂纹间产生长程关联而出现跨越集团,使裂纹集团全部连通并最终导致岩石破坏。注意到膨胀红砂岩的初始损伤值约为 0.04,而破坏时的损伤值约为 0.25,表明它的损伤耗散能水平较高,不易积蓄较多能量而使破坏突发性增强,表现出半脆性特征。

重整化群理论是处理各种突变和临界现象的有力工具。其基本思想是对体系的一个连续变换族,利用临界点处标度不变性的性质,进行重标度变换后将小尺度的涨落平滑掉,即进行粗粒平均,而在较大尺度的有效作用上处理临界现象,则通过变换可以定量地获得物理量的变化,若以 P 表示岩石破坏的概率,而 P_c 表示临界点的破坏概率,则裂纹间的关联长度 $\xi(P)$ 可表示为

$$\xi(P) = (P - P_c)^{-v} \tag{4.11}$$

式中,v 为临界指数。

由于在临界点 P_c 关联长度趋于无穷,因而 P_c 就是重整化变换的不动点。不动点的数目可能大于一个,重整化的目的就是求出与临界点有关的不稳定不动点,进而研究临界点附近的异常行为。

岩石的破坏存在明显的层次结构,较大破裂是由小破裂串通连接的结果,在一定荷载下又会引发新的更大破裂,直到临界点发生最终破坏。因此岩石的破坏过程可以抽象为一维 Kadanoff 集团结构,得到可能的破裂构形如图 4.26 所示。由于对岩石破坏机理缺乏深入认识,难以找出符合岩石破裂的可用于重整化群分析的实际元胞个数,所以按照 Turcotte 的建议,作为一种指示性分析,取元胞个数为 4 并规定其中 4 个元胞破裂就可以导致岩石破坏[20]。

根据图 4.26 中[d]、[e]、[f]、[g]、[h]计算得到子元胞破裂的可能情形分别为140、56、28、8 和 1 种。利用标度变换得到上下级破裂概率的关系为

$$P_{n+1} = 140P_n^4(1 - P_n)^4 + 56P_n^5(1 - P_n)^3$$

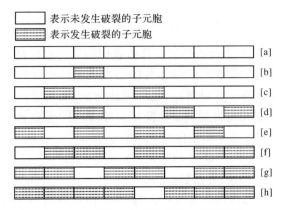

图 4.26　膨胀红砂岩子元胞的破裂构形

$$+28P_n^6(1-P_n)^2+8P_n^7(1-P_n)+P_n^8 \tag{4.12}$$

由式(4.12)得到不动点方程为

$$P_c=140P_c^4(1-P_c)^4+56P_c^5(1-P_c)^3$$
$$+28P_c^6(1-P_c)^2+8P_c^7(1-P_c)+P_c^8 \tag{4.13}$$

求解式(4.13)后剔除稳定不动点,得到不稳定不动点 $P_c=0.29$,即临界破碎概率。当 $P<P_c$ 时,随迭代次数增加,破坏概率趋向于 0,说明岩石发生进一步破坏的可能逐渐降低,岩石结构趋向稳定,$P>P_c$ 时的情况恰好相反,几次迭代后破裂概率收敛于 1,破裂概率的急剧增加最终将导致岩石失稳破坏。因此,由重整化群理论分析得到的临界破裂概率及破裂演化流向图结合初始条件和受力情况很容易判断岩石稳定性,这对于岩石工程失稳预测具有实际意义。

对于岩石裂纹扩展模式的分析,下面根据裂纹扩展图 4.27,介绍关于膨胀红砂岩裂纹扩展模式的规律。

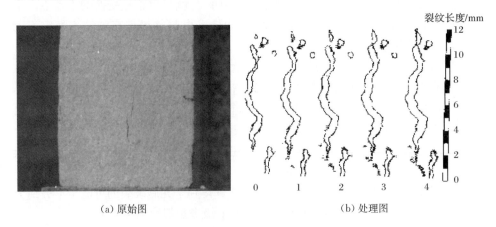

(a) 原始图　　　　　　　　　　　　　　(b) 处理图

图 4.27　膨胀红砂岩裂纹扩展模式

图 4.27(a)是用数码相机实时拍下的两条平行扩展裂纹,图 4.27(b)中的 5 幅细观裂纹图是对 5 个不同时刻下的该实时裂纹图像用前述图像处理方法处理后得到的,原始图像中的冗余点已被去除,只留下主干裂纹和新生细观裂纹的边界轮廓。主干裂纹长约 9.3mm、宽约 0.5mm,裂纹主体大致平行于施力方向。局部观察可见,裂纹并不是直线扩展,而是曲折发展的。由图 4.27(b)还可以看出,在主干裂纹下部尖端区域,裂纹的扩展贯穿过程经历了裂纹尖端前新生细观裂纹、细观裂纹成长以及与主干裂纹下部尖端相连的三个过程。在主干裂纹下部尖端区域,新生的细观裂纹与干裂纹之间的夹角约为 25°,这一结果初步验证了 Ashby 的翼裂纹扩展模型[21]。

4. 初始损伤和损伤局部化研究

前面依据细观试验结果,详细介绍了随轴向荷载施加膨胀红砂岩损伤不断演化的过程,对膨胀红砂岩受力破坏强度特性和微裂纹萌生、贯通等有了深刻的认识;但目前细观力学方法研究损伤扩展机理还有以下两个问题需要进一步分析:初始损伤的确定和对损伤局部化的分析。

岩石作为一种特殊的非均质材料,内部常会或多或少地具有一些微细空隙及微裂纹等原生缺陷,从损伤力学的概念来说,这就是初始损伤。由于这些微裂纹的扩展、合并、贯通,最后可能形成宏观裂缝,并导致材料破坏,初始损伤的大小对岩石力学性能的影响不可忽视。前人对初始损伤大小的确定方法比较有限,一种是假定初始损伤为 0[22~24];另一种是通过试验手段测量得到的[25,26];但总体来说没有很好地解决该问题。

岩石在单轴压缩条件下的应力-应变包括非线性弹性段(OA)、线弹性段(AB)和强化段(BC)等几部分,其中低应力时的非线性弹性可认为是原生微裂纹闭合所导致的。

从结构角度看,岩石可视为由岩石基体和微裂纹组成的复合材料,荷载作用下岩石的变形源于基体的弹性变形和微裂纹变形。所以,在闭合点 A 处岩石的体积应变可表示为

$$\varepsilon_V^A = \varepsilon_e^A + \varepsilon_c^A \tag{4.14}$$

式中,ε_V^A、ε_e^A、ε_c^A 分别为闭合点岩石的总体积应变、弹性体积应变和裂纹体积应变。其中裂纹体积应变 ε_c^A 是侧向裂纹闭合 ε_{ca}^A 和轴向裂纹膨胀 ε_{cl}^A 共同作用的结果,即

$$\varepsilon_c^A = \varepsilon_{ca}^A + \varepsilon_{cl}^A \tag{4.15}$$

裂纹在低应力下的闭合涉及除取向与荷载平行或近似平行外的所有微裂纹,而且这些裂纹的闭合并不影响侧向应变的大小,因此可以近似认为闭合裂纹的体积等于原生裂纹体积,并且可以由轴向应变分析得出。在图 4.28 中过 A 点作 AB 的延长线交横轴于 M 点,作垂线交于 N 点,则 ON 长度代表轴向应变的大小,而

OM 长度则表明裂纹体积变化的程度,即 ε_{ca}^A 大小,于是原生裂纹体积表示为

$$V_{0c} = V_0 \varepsilon_{ca}^A \tag{4.16}$$

定义体积裂纹密度 S_V 为微裂纹体积与岩石总体积之比。岩石初始条件下的体积裂纹密度为

$$S_V = V_{0c}/V_0 = \varepsilon_{ca}^A \tag{4.17}$$

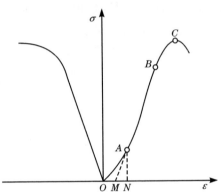

图 4.28　膨胀红砂岩初始损伤分析曲线

　　损伤可表示为岩石有效承载面积与岩石总面积之比,实质上就是平面裂纹密度 S_p 的大小。根据平面裂纹密度与体积裂纹密度间的关系 $S_p = S_v^{2/3}$,结合式(4.17),得到确定岩石初始损伤的简单表达式:

$$D_0 = (\varepsilon_{ca}^A)^{2/3} \tag{4.18}$$

采用式(4.18)确定初始损伤的特点是可以在测定岩石力学性能参数的同时得到初始损伤值。

　　应变软化阶段伴随着损伤局部化现象。到目前为止,人们对这一过程的认识尚不够深入,也存在一些不同的看法:一些研究者用连续损伤力学的方法考虑脆性材料的软化行为[27,28],其中最简单的是 Bui 等[29]的弹性突然损伤模型,假设当外应力达到断裂应力时材料立即发生损伤断裂,损伤因子 D 从 0 突变到 1,应力突然跌至 0;Mazars[30]也采用标量损伤因子 D,假设在达到承载极限之前$D=0$,而在应变软化阶段 D 是应变的函数。上述这些损伤本构模型多运用唯象的方法来模拟脆性材料的软化行为,而一些学者运用损伤细观机理来研究脆性材料的软化行为。Basista 等[31,32]通过引入含一个或多个微裂纹的体元,对单向拉伸和双向拉伸情况下弹脆性损伤材料的强化和软化行为进行定性的模拟;Karihaloo 等[33]假设材料中只含与拉伸方向垂直的周期分布的微裂纹,对准脆性材料的单拉应力-应变曲线进行细观力学模拟。Ortiz[34]认为在宏观裂纹前缘有一排微裂纹,微裂纹的扩展和汇合引起材料软化、宏观裂纹扩展和材料失效。

　　上述对脆性材料软化的研究,无论唯象的模拟还是细观力学的分析,对材料

软化的细观机理的处理都过于简单。实际上,在材料出现软化以前,内部已经发生分布的连续损伤,不同方向上损伤程度与加载历史有关,损伤到一定程度,伴随某些方向上微裂纹尺寸的增长和失稳扩展,材料承载能力减小。材料的软化是从连续损伤到损伤局部化过渡的结果,软化模型的建立应考虑这一过渡过程。

当应力达到最大承载应力 σ_{cf} 后,某些取向上的微裂纹将穿越晶界的束缚发生二次扩展。微裂纹二次扩展的准则表示为

$$\left(\frac{K'_{\mathrm{I}}}{K_{\mathrm{I\,cc}}}\right)^2 + \left(\frac{K'_{\mathrm{II}}}{K_{\mathrm{II\,cc}}}\right)^2 = 1 \tag{4.19}$$

式中,$K_{\mathrm{I\,cc}}$ 和 $K_{\mathrm{II\,cc}}$ 分别为基质材料的 I 型和 II 型临界应力强度因子。

一旦准则(4.19)在某取向上得到满足,该取向上的裂纹将穿越晶界在基质材料中继续扩展,并发生从连续损伤到损伤局部化的过渡,材料的承载力开始下降,为方便起见,记

$$\overline{G} = \left(\frac{K'_{\mathrm{I}}}{K_{\mathrm{I\,cc}}}\right)^2 + \left(\frac{K'_{\mathrm{II}}}{K_{\mathrm{II\,cc}}}\right)^2 \tag{4.20}$$

并把 $\overline{G}$ 称为无量纲的能量释放率,而 $\overline{G}$ 正比于应力 σ 的平方和微裂纹半径 a,即 $\overline{G} \propto \sigma^2 a$。在不增加应变的情况下,随着微裂纹的二次扩展,一方面微裂纹尺寸增大,$\overline{G}$ 也随之增大,导致这些微裂纹继续扩展;另一方面,应力水平下降导致 $\overline{G}$ 下降。对于没有发生二次扩展的微裂纹,$a = a_0$ 或者 $a = a_u$ 保持不变,但应力的下降使得这些微裂纹发生弹性卸载变形。因此,在应力跌落的过程中,只有个别取向上的微裂纹发生二次扩展,而其他大多数微裂纹只经过弹性卸载变形,这意味着损伤局部化的发生。同时,由于应力跌落时应变基本保持不变,原来由所有微裂纹共同承担的非弹性应变,逐渐集中到由发生二次扩展的少数微裂纹承担。因此,应力跌落是由连续损伤和均匀应变向损伤局部化和应变局部化过渡的宏观表现,而其本质原因是微裂纹的二次失稳扩展。

继续增大宏观应变时,已发生二次扩展的部分微裂纹继续扩展,而其他微裂纹继续发生弹性卸载,即损伤和应变局部化进一步加剧,随之应力水平下降。在应变软化阶段 CD 上每一点的状态,都应满足两方面条件:其一是微裂纹二次扩展准则(4.19)成立;其二是基体与所有微裂纹(包括未扩展的、发生一次扩展和二次扩展的)对应变的贡献之和等于外加宏观应变。

要深入了解岩石类损伤材料的本构行为,应从细观力学的角度对以上诸阶段进行分析,并将细观损伤机制的变化引入损伤本构模型中去。以往的一些模型虽然也定性得到了材料的软化现象,但其细观损伤机制过于简单,没有抓住材料从非线性强化阶段到应变软化阶段所对应的内部细观机理变化,即从连续损伤到损伤局部化的过渡。

参 考 文 献

[1] 孙长龙,殷宗泽,王福升,等. 膨胀土性质研究综述. 水利水电科技进展,1995,(6):11~15.

[2] 刘敬辉. 岩土体微细结构定量分析及试验方法研究. 南京:河海大学硕士学位论文,2003.

[3] 吴义祥. 工程粘性土微观结构的定量评价. 中国地质科学院院报,1991,(2):143~151.

[4] 胡瑞林,李向全. 粘性土微结构定量模型及其工程地质特征研究. 北京:地质出版社,1995.

[5] 施斌. 粘性土微观结构简易定量分析法. 水文地质工程地质,1997,(1):7~10.

[6] 漆鹏廷,李兆霞,黄跃平. 砂浆受压变形与裂纹萌生的固有关系. 岩石力学与工程学报,
    2003,22(3):425~428.

[7] 余天庆,钱济成. 损伤理论及其应用. 北京:国防工业出版社,1998.

[8] Mazars J. Application de la mecanique de l′ endommagement au comportement non lineaire et
    a la rupture du beton de structure. Thèse de doctorat de l′ Université de Paris,1984.

[9] Loland K E. Continuous damage model for load-response estimation of concrete. Cement and
    Concrete Research,1980,10(3):395~402 .

[10] 余天庆,宁国钧. 损伤理论及其在混凝土结构研究中的应用. 桥梁建设,1986,(2):45~58.

[11] 钱济成,周建方. 混凝土的两种损伤模型及其应用. 河海大学学报,1989,(3):40~47.

[12] Fan J,Marakar S. Advances in constitutive laws for engineering materials//International
    Conference on Constitutive Laws for Engineering Materials,Chongqing,1989.

[13] 李兆霞,黄跃平. 脆性固体变形响应与裂纹扩展的同步试验观测及其定量分析. 实验力学,
    1998,13(2):231~236.

[14] 黄跃平,廖东斌,李兆霞,等. 砂浆试样受压时力学响应与裂纹扩展同步分析. 东南大学学
    报(自然科学版),1999,29(5):147~150.

[15] 任建喜,葛修润,蒲毅彬. 岩石破坏全过程的 CT 细观损伤演化机理动态分析. 长安大学学
    报(自然科学版),2000,20(2):12~15.

[16] 任建喜,葛修润,杨更社. 单轴压缩岩石损伤扩展细观机理 CT 实时试验. 岩土力学,2001,
    22(2):130~133.

[17] 张全胜,杨更社,任建喜. 岩石损伤变量及本构方程的新探讨. 岩石力学与工程学报,2003,
    22(1):30~34.

[18] Huang J,Wang Z,Zhao Y. The development of rock fractal from microfracturing to main
    fracture formation. International Journal of Rock Mechanics and Mining Sciences,Geome-
    chanics Abstract,1993,30(7):925~928.

[19] 邵鹏,贺永年. 脆性岩石细观损伤分析与临界破坏行为. 煤炭科学技术,2001,29(7):
    31~33.

[20] Turcotte D L. Fracture and fragmentation. Journal of Geophysical Research,1986,91(B2):
    1921~1926.

[21] Vekinis G,Ashby M F,Beaumont P W R. The compressive failure of alumina containing
    controlled distributions of flaws. Acta Metallurgica et Materialia,1991,39(11):2583~

2588.

[22] 凌建明,孙均. 应变空间表述的岩体损伤本构关系. 同济大学学报(自然科学版),1994,(2):135～140.

[23] 周维垣,剡公瑞. 岩体弹脆性损伤本构模型及工程应用. 岩土工程学报,1998,20(5):54～57.

[24] 林峰,黄润秋. 单向荷载下确定岩体损伤参数的可行性研究. 成都理工学院学报(自然科学版),2000,27(2):189～192.

[25] 席道瑛,刘小燕,张程远. 由宏观滞回曲线分析岩石的微细观损伤. 岩石力学与工程学报,2003,22(2):182～187.

[26] 杨更社. 岩石损伤检测技术及其进展. 长安大学学报(自然科学版),2003,23(6):47～55.

[27] Nobile L. Damage mechanics of concrete. Engineering Fracture Mechanics,1991,39(6):1011～1014.

[28] Mattos H C,Fremond M,Mamiya E N. A simple model of the mechanical behavior of ceramic-like materials. International Journal of Solids and Structures,1992,29(24):3185～3200.

[29] Bui H D,Ehrlacher A. Propagation of damage in elastic and plastic solids//5th International Conference on Faults,Cannes,1981.

[30] Mazars J. Mechanical damage and fracture of concrete structures//5th International Conference on Faults,Cannes,1981.

[31] Basista M,Gross D. A note on brittle damage description. Mechanics Research Communications,1989,16(3):147～154.

[32] Basista M, Gross D. One-dimensional constitutive model of microcracked elastic solid. Archives of Mechanics,1985,37(37):587～601.

[33] Karihaloo B L,Fu D,Huang X. Modelling of tension softening in quasi-brittle materials by an array of circular holes with edge cracks. Mechanics of Materials,1991,11(2):123～134.

[34] Ortiz M. Microcrack coalescence and macroscopic crack growth initiation in brittle solids. International Journal of Solids and Structures,1988,24(3):231～250.

第 5 章　膨胀红砂岩细观损伤演化本构模型

根据第 4 章细观单轴压缩试验得到的结构参数孔隙面积比与应力-应变的关系,对峰值应变前采用细观损伤力学的方法,峰值应变后采用宏观损伤力学的方法,建立了一个包含多个影响膨胀红砂岩强度因素的损伤本构方程,从数学角度反映膨胀红砂岩渐进破坏过程,并在一定程度上促进和丰富宏观及细观损伤力学理论相结合的发展。

5.1　损伤变量的选取

损伤力学研究的关键问题是选择恰当表征损伤的状态变量——损伤变量,它属于本构理论中的内部状态变量,能反映物质结构的不可逆变化过程。损伤力学建立在连续介质力学理论的框架之上,在应力场中各点的损伤变量是一样的,而且具有相同的演化规律。而什么是损伤的表征,什么样的变量可作为损伤的变量,在损伤力学研究中一直存在争议。

从力学意义上说,损伤变量的选取应考虑如何与宏观力学物理量建立联系并易于测量。不同的损伤过程,可以选取不同的损伤变量,即使同一损伤过程,也可以选取不同的损伤变量。由于材料的损伤引起材料微观结构和某些宏观物理性能的变化,因此可以从微观和宏观两方面选择度量损伤的基准[1]。根据以上的两类基准,可以用直接法和间接法测量材料的损伤。例如,对微观方面的基准,可采用直接测定的方法判定材料的损伤状态;对于宏观方面的基准,可采用机械法或物理法测定,然后间接推算材料的损伤。至于实际采用哪种方法,应根据损伤变量定义以及损伤类型而定。在不同的情况下,可将损伤变量定义为标量、矢量或张量。

1958 年,Kachanov 基于在外部因素作用下,材料劣化的主要机制是由损伤导致有效承载面积减小这一基本认识,首次提出描述材料性质逐渐衰变的连续度概念,并以损伤后的有效承载面积与无损状态的横截面面积之比定义连续度。之后的研究者大都采用这一思路,并在此基础上发展了许多新的损伤变量定义方法,而其中一些仍与损伤面积有关(如以密度、声波波速等定义的损伤变量)。本章在第 4 章利用 Geo-image 图像分析程序对膨胀红砂岩试件 9 个观察点微观结构图片分析的基础上,并沿用 Kachanov 的基本思路,定义膨胀红砂岩的损伤变量 D。

依据拉波诺夫的方法[2],定义损伤变量为

$$D = \frac{A^{\cdot}}{A} = \frac{A - \widetilde{A}}{A} \tag{5.1}$$

式中，A 为初始的横截面积；$A^{\cdot}$ 为受损后的损伤面积；$\widetilde{A}$ 为有效承载面积。

当 $D=0$ 时，对应于无损状态；$D=1$，对应于完全损伤状态；$0 < D < 1$，对应于不同程度的损伤状态。

在第 4 章中已经得到单轴压缩状态下膨胀红砂岩细观孔隙面积随轴向应变、吸水率变化的演化关系式：

$$S(\varepsilon) = S_0 + a\left(\frac{\varepsilon}{\varepsilon_f}\right)^b, \quad \omega \leqslant \omega_f \tag{5.2}$$

$$S(\varepsilon,\omega) = S_0(\omega) + a(\omega)\left[\frac{\varepsilon}{\varepsilon_f(\omega)}\right]^{b(\omega)}, \quad \varepsilon \leqslant \varepsilon_f \tag{5.3}$$

正是在外荷载和吸水率的影响下内部细观结构的变化导致膨胀红砂岩细观孔隙面积的产生和演变，所以选择孔隙面积作为损伤的表征，一方面能够反映内部状态变量的不可逆变化；另一方面，其易与宏观力学物理量建立联系。

所以联合式（5.1）和式（5.3），即可得到膨胀红砂岩的损伤演化方程为

$$D_{\text{I}}(\varepsilon,\omega) = S(\varepsilon,\omega)$$

即

$$D_{\text{I}}(\varepsilon,\omega) = D_0(\omega) + a(\omega)\left[\frac{\varepsilon}{\varepsilon_f(\omega)}\right]^{b(\omega)}, \quad \varepsilon \leqslant \varepsilon_f \tag{5.4}$$

式中，$D_0(\omega)$ 为某一吸水率下的膨胀红砂岩试样未加载时的初始损伤；$D_{\text{I}}(\varepsilon,\omega)$ 为某一吸水率下的膨胀红砂岩试样加载时的损伤；$a(\omega)$ 和 $b(\omega)$ 为材料系数，与吸水率的大小有关；ε 和 $\varepsilon_f(\omega)$ 分别为某一吸水率下的膨胀红砂岩应变和峰值应变；ω 为膨胀红砂岩吸水率，$0 \leqslant \omega \leqslant 13.5\%$。

由于是在单轴压缩条件下且膨胀红砂岩材料结构趋于各向同性，因此定义的损伤变量为标量。依据式（5.4）绘出的损伤演化示意曲线如图 5.1 所示，两者基本上呈幂函数关系，而其中与吸水率有关的参数取值见表 5.1，初始损失与吸水率的关系如图 5.2 所示。

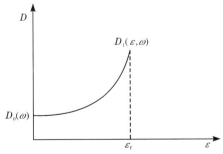

图 5.1　膨胀红砂岩峰值应变前损伤演化示意图

表 5.1 不同吸水率的参数取值

参数	吸水率					
	0	3%	6%	9%	12%	饱和
D_0	4.61	8.85	11.58	12.94	13.62	13.85
a	18.285	21.487	23.307	25.907	26.836	27.735
b	3.204	2.905	2.634	2.548	2.319	2.234
ε_f	10.4	11.8	12.2	12.6	13.1	14.8

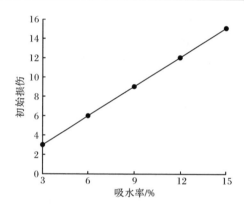

图 5.2 膨胀红砂岩初始损伤与吸水率的关系

在第 4 章中式(4.3)~式(4.6)已具体给出各特征参数与吸水率的演变关系,这里仅做引用。本节定义的损伤变量及推导的损伤演化方程最大的特点是将对膨胀红砂岩力学特性影响很大的水化学损伤同时也考虑在内,这是前人没有尝试的。

5.2 膨胀红砂岩细观损伤演化本构方程

5.2.1 膨胀红砂岩峰值应变前损伤本构方程

本节依据应变等价原理,假设膨胀红砂岩基体为各向同性的弹性介质,且裂隙损伤扩展是各向同性的,那么受损材料的本构关系可通过无损材料中的名义应力得到:

$$\tilde{\sigma} = \frac{\sigma}{1-D} \tag{5.5}$$

$$\varepsilon = \frac{\sigma}{\tilde{E}} = \frac{\tilde{\sigma}}{E} = \frac{\sigma}{(1-D)E} \tag{5.6}$$

$$\sigma = E(1-D)\varepsilon \tag{5.7}$$

式中,σ、$\tilde{\sigma}$ 分别为膨胀红砂岩所受的名义应力和有效应力;E、$\tilde{E}$ 分别为膨胀红砂岩的弹性模量和有效弹性模量；D 为红砂岩的损伤变量。

联立式(5.4)和式(5.7)即可得到膨胀红砂岩峰值应变前的损伤本构方程为

$$\sigma(\varepsilon,\omega) = E[1 - D_{\mathrm{I}}(\varepsilon,\omega)]\varepsilon$$

$$\sigma(\varepsilon,\omega) = E\varepsilon\left(1 - \left\{D_0(\omega) + a(\omega)\left[\frac{\varepsilon}{\varepsilon_{\mathrm{f}}(\omega)}\right]^{b(\omega)}\right\}\right), \quad \varepsilon \leqslant \varepsilon_{\mathrm{f}}, \quad 0 \leqslant \omega \leqslant 13.5\%$$

$$(5.8)$$

式中，$D_0(\omega)$、$a(\omega)$、$b(\omega)$ 和 $\varepsilon_{\mathrm{f}}(\omega)$ 在式(5.4)中已做详细说明；对于膨胀红砂岩弹性模量 E 的取值，从理论上应该取无初始损伤岩石的弹性模量，但在实际中是不可能得到的，所以取损伤弱化带 OA 比较小的岩石的弹性模量近似地作为初始弹性模量。

岩石遇水强度降低一直是困扰岩土工程界的一个难题。近年来，虽有一些学者试图通过实验室试验弄清水与岩石强度的关系[3,4]，但结果不尽如人意。水与岩石相互作用，除了物理上的作用，还有更为复杂的水-岩化学作用，其对岩石的力学效应往往比单纯的物理作用产生更大的影响。对遇水后强度降低的岩石，水是造成其损伤的一个重要原因，有时比力学因素造成的损伤更为严重。

20 世纪 60 年代，有学者注意到水对岩石的作用不能仅从有效应力原理简单地考虑水对受力岩石的力学效应，而且其作用过程是一种复杂的应力腐蚀过程。长期以来都认为水化学环境对岩石摩擦变形具有相当重要的作用[5~7]。一些研究者曾对含水岩石的强度及水对岩石具有时间效应的变形特性和水对岩石的弹性模量、单轴抗压强度的影响程度进行试验研究，但未从具有时间效应的水-岩化学作用方面进行研究。总之，对水-岩化学作用导致岩石的力学效应劣化还缺乏系统的试验研究和认识。

损伤本构方程(5.8)的提出，同时考虑力学因素和水化学因素对岩石强度的劣化作用，并反映在本构方程中，只要知道膨胀红砂岩的吸水率和应变值，就能方便地得到膨胀红砂岩峰值前的应力-应变曲线上每一点的应力值，在一定程度上促进了损伤研究中力学损伤、水化学损伤、温度损伤三者单独考虑的局面；虽然该本构关系是针对膨胀红砂岩这一特殊岩石建立的，但从某种意义上讲对其他的岩石遇水时强度下降的研究也提供了借鉴和比较。

5.2.2　膨胀红砂岩峰值应变后损伤本构方程

第 4 章中已经述及由于试验条件的限制，岩土微细结构光学测试系统加载装置是柔性加载，无法得到峰值应变后的应力-应变曲线，就无法从细观的角度建立峰值后的细观特征参数和宏观响应之间一一对应的关系；为了弥补细观损伤力学研究的不足，建立一个完整的膨胀红砂岩损伤本构方程，下面将从宏观损伤力学的分析角度来探讨峰值应变后损伤演化的局部化现象。

依据典型的膨胀红砂岩全应力-应变曲线图 4.21，并结合前人研究的众多宏观损伤力学模量[8~16]，提出了适合红砂岩峰值应变后应变软化的损伤演化方程。

$$D_{\mathrm{II}} = 1 - \frac{\varepsilon_{\mathrm{f}}(1-A)}{\varepsilon} - \frac{A}{\mathrm{e}^{B(\varepsilon-\varepsilon_{\mathrm{f}})}} + D_{\mathrm{I}}(\varepsilon_{\mathrm{f}}, \omega), \quad \varepsilon > \varepsilon_{\mathrm{f}} \tag{5.9}$$

而为了与峰值应变前的损伤演化方程保持一致，式(5.9)改写为

$$D_{\mathrm{II}}(\varepsilon, \omega) = 1 - \frac{\varepsilon_{\mathrm{f}}(\omega)(1-A)}{\varepsilon} - \frac{A}{\mathrm{e}^{B[\varepsilon-\varepsilon_{\mathrm{f}}(\omega)]}} + D_{\mathrm{I}}(\varepsilon_{\mathrm{f}}, \omega), \quad \varepsilon > \varepsilon_{\mathrm{f}} \tag{5.10}$$

联立式(5.7)和式(5.10)即可得到红砂岩峰值应变后的损伤本构方程为

$$\sigma(\varepsilon, \omega) = E[1 - D_{\mathrm{II}}(\varepsilon, \omega)]\varepsilon, \quad \varepsilon > \varepsilon_{\mathrm{f}}$$

$$\sigma(\varepsilon, \omega) = E\left\{ \varepsilon_{\mathrm{f}}(\omega)(1-A) + \frac{A\varepsilon}{\mathrm{e}^{B[\varepsilon-\varepsilon_{\mathrm{f}}(\omega)]}} - [D_0(\omega) + a(\omega)]\varepsilon \right\}, \quad \varepsilon > \varepsilon_{\mathrm{f}}$$

$$\tag{5.11}$$

式中，A 和 B 为曲线系数，一般取值为 $0.7 < A < 1.0$，$10^2 < B < 10^3$，其系数取值大小对应力-应变曲线的影响可参考图 5.3 和图 5.4；$\varepsilon_{\mathrm{f}}(\omega)$、$a(\omega)$ 和 $D_0(\omega)$ 在吸水率一定时，一般可以事先计算得到。

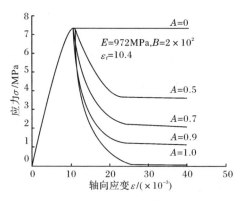

图 5.3　A 对应力-应变曲线的影响

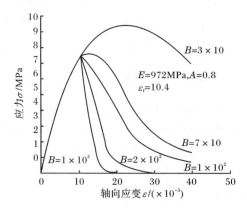

图 5.4　B 对应力-应变曲线的影响

　　通过峰值应变前后两部分损伤本构方程的推导,下面对两部分损伤演化方程、本构方程进行组合,对其中的参数进行统一说明,使其成为一个完善的整体。

　　联立式(5.4)和式(5.10)得到一个完整的膨胀红砂岩损伤演化方程,其完整的损伤演化曲线如图 5.5 所示。

$$\begin{cases} D_{\text{I}}(\varepsilon,\omega) = D_0(\omega) + a(\omega)\left[\dfrac{\varepsilon}{\varepsilon_{\text{f}}(\omega)}\right]^{b(\omega)}, & \varepsilon \leqslant \varepsilon_{\text{f}} \\ D_{\text{II}}(\varepsilon,\omega) = 1 - \dfrac{\varepsilon_{\text{f}}(\omega)(1-A)}{\varepsilon} - \dfrac{A}{\text{e}^{B[\varepsilon-\varepsilon_{\text{f}}(\omega)]}} + D_{\text{I}}(\varepsilon_{\text{f}},\omega), & \varepsilon > \varepsilon_{\text{f}} \end{cases} \tag{5.12}$$

式中,ω 为材料吸水率,$0 \leqslant \omega \leqslant 13.5\%$;$a(\omega)$、$b(\omega)$ 为材料系数,与吸水率的大小有关;ε 和 $\varepsilon_{\text{f}}(\omega)$ 分别为某一吸水率下的膨胀红砂岩应变和峰值应变;$D_0(\omega)$ 为某一吸水率下的膨胀红砂岩试样未加载时的初始损伤;$D_{\text{I}}(\varepsilon,\omega)$、$D_{\text{II}}(\varepsilon,\omega)$ 分别为峰值应变前后某一吸水率下膨胀红砂岩试样加载时的损伤演变值。

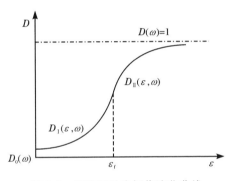

图 5.5　膨胀红砂岩损伤演化曲线

　　联立式(5.8)和式(5.11)得到一个完整的红砂岩损伤本构方程,其完整的应力-应变曲线如图 5.6 所示。

$$\begin{cases} \sigma(\varepsilon,\omega) = E\varepsilon - E\varepsilon\left\{ D_0(\omega) + a(\omega)\left[\dfrac{\varepsilon}{\varepsilon_{\text{f}}(\omega)}\right]^{b(\omega)}\right\}, & \varepsilon \leqslant \varepsilon_{\text{f}} \\ \sigma(\varepsilon,\omega) = E\left\{ \varepsilon_{\text{f}}(\omega)(1-A) + \dfrac{A\varepsilon}{\exp\{B[\varepsilon-\varepsilon_{\text{f}}(\omega)]\}} - [D_0(\omega)+a(\omega)]\varepsilon\right\}, & \varepsilon > \varepsilon_{\text{f}} \end{cases}$$

$$\tag{5.13}$$

式中,A 和 B 为曲线系数;E 为无损膨胀红砂岩的初始弹性模量。

　　如图 5.5 所示,由式(5.12)计算可知,当 $\varepsilon/\varepsilon_{\text{f}} < 0.4$ 时,材料几乎没有新的损伤形成;当 $0.4 < \varepsilon/\varepsilon_{\text{f}} < 0.7$ 时,新损伤发展较小(不大于 6%),表示试件内部裂缝开始扩展;当 $0.7 < \varepsilon/\varepsilon_{\text{f}} \leqslant 1.0$ 时,损伤扩展较大,表明试件内部有若干裂缝联通直至破坏。比较图 5.3 和图 5.6,两者还是相当吻合的。

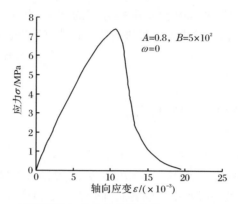

图 5.6　服从膨胀红砂岩损伤演化模型的应力-应变曲线

5.3　膨胀红砂岩细观损伤演化本构方程的验证

5.2 节采用宏观和细观相结合的损伤力学研究方法,分析和推导了膨胀红砂岩损伤演化方程和损伤本构方程,对方程中各参数的影响也进行了分析比较。而本章将重点通过与前人的本构方程、试验应力-应变曲线的分析对比,探讨该本构方程的合理性和优越性,以期为损伤力学理论以及工程应用提供依据。下面介绍细观损伤本构方程和宏观损伤本构方程。

5.3.1　损伤本构方程简介

由于岩石的不均匀性、复杂性和多样性,人们针对不同的岩石,采用不同的研究方法,定义不同的损伤变量,建立一系列形式各异的损伤本构方程,按岩石变形性质大致可分为弹脆性、弹塑性、黏弹塑性损伤本构方程;按损伤研究的角度可分为细观损伤本构方程和宏观损伤本构方程,下面对细观损伤本构方程和宏观损伤本构方程加以介绍。

1. 宏观损伤本构方程

宏观损伤本构方程的建立,一般应用连续介质损伤力学理论,从岩体内部微裂纹产生和扩展的损伤机理出发,推导出应变空间表示的岩体的黏弹塑性-损伤耦合各向异性损伤本构模型,并给出相应的损伤变量演化方程。为了便于引用对比分析,这里介绍一个各向异性的三维弹脆性损伤本构模型[17]。

首先,微裂隙损伤扩展是由张应变引起的,并沿主压应力方向扩展。因而可以假定损伤主轴与应力主轴和应变主轴重合,称这一主轴为材料主轴,则材料显示出正交异性性质。在此假定下,损伤张量 $\hat{D}$ 同应力张量 σ 均为二阶张量,设其

三个主损伤分量为 D_1、D_2 和 D_3。此时,自由能可表示为

$$\Phi = \frac{1}{2\rho}\varepsilon_i E_{ij}\varepsilon_j, \quad i=1,2,3, \quad j=1,2,3 \tag{5.14}$$

式中,$\varepsilon_i(i=1,2,3)$ 为主应变分量;E_{ij} 为主轴坐标下的弹性张量,二阶对称矩阵,在无损伤情况下为

$$[E_0] = \begin{bmatrix} \lambda+2\mu & \lambda & \lambda \\ \lambda & \lambda+2\mu & \lambda \\ \lambda & \lambda & \lambda+2\mu \end{bmatrix} \tag{5.15}$$

式中,λ 和 μ 为拉梅系数,$\lambda=E\nu/(1+\nu)(1-2\nu)$,$\mu=E/2(1+\nu)$。

根据 Suprtono 等[18]提出的能量等价原理,对损伤材料,弹性张量 E_{ij} 表示如下:

$$\widetilde{E}_{ij} = (1-D_i)^{1/2} E_{ij}(1-D_j)^{1/2} \tag{5.16}$$

即

$$\widetilde{E}_{ij} = (\lambda+2\mu\delta_{ij})(1-D_i)^{1/2}(1-D_j)^{1/2}$$

弹脆性损伤的本构关系为

$$\sigma_i = \widetilde{E}_{ij} \cdot \varepsilon_j \tag{5.17}$$

对损伤张量 $\widetilde{D}$,可表示如下:

$$\begin{cases} D_1 = \frac{1}{2}\left(\left\langle \frac{\varepsilon_2}{\nu\varepsilon_s} \right\rangle^n + \left\langle \frac{\varepsilon_3}{\nu\varepsilon_s} \right\rangle^n \right), \\ D_2 = \frac{1}{2}\left(\left\langle \frac{\varepsilon_1}{\nu\varepsilon_s} \right\rangle^n + \left\langle \frac{\varepsilon_3}{\nu\varepsilon_s} \right\rangle^n \right), \quad D_1 \neq D_2 \neq D_3 \\ D_3 = \frac{1}{2}\left(\left\langle \frac{\varepsilon_1}{\nu\varepsilon_s} \right\rangle^n + \left\langle \frac{\varepsilon_2}{\nu\varepsilon_s} \right\rangle^n \right), \end{cases} \tag{5.18}$$

式中,ε_s 为最终应变常量;n 为材料脆性的参数。

$$\langle X \rangle = \begin{cases} 0, & x<0 \\ x, & x \geqslant 0 \end{cases}$$

2. 细观损伤本构方程

细观损伤本构方程的建立,一般从颗粒、晶体、孔洞等细观结构层次研究各类损伤的形态、分布及其演化特征,从而预测物体的宏观力学特征。细观损伤力学的研究主要包括两个方面:一方面是细观损伤结构与力学之间的定量关系;另一方面是细观损伤结构的演化和发展,其中比较热门的是用统计物理数学理论研究细观损伤的演化和发展,称为统计细观损伤力学。为了便于引用对比分析,这里介绍各向同性的三维统计损伤本构模型[19]。

岩石是一种非匀质材料,内含大量随机分布的微裂隙、空洞、界面等缺陷,因

此,在压力作用下岩石微元的破坏也应是随机的。某一岩石微元的破坏概率和应力-应变状态有关。假设岩石的破坏准则为

$$f^F(\sigma^*) = c_0 \tag{5.19}$$

式中,σ^* 为有效应力;c_0 为常数。

假设岩石微元破坏的概率随 $f^F(\sigma^*)$ 的分布密度是 $P[f^F(\sigma^*)]$,则定义损伤变量为破坏概率:

$$D = D_0 + (1 - D_0) \int_0^{f^F(\sigma^*)} P[f^F(\sigma^*)] \mathrm{d}f^F(\sigma^*) \tag{5.20}$$

式中,D_0 为材料的初始损伤,由岩石的初始条件决定,由于测量的难度较大,一般取 0。因为所有破坏微元在空间三个主方向的投影面积和总面积比例都一样大,所以各个方向的损伤都用标量 D 表示。

鉴于 Drucker-Prager 破坏准则具有参数形式简单、适用于岩土介质等优点,则式(5.19)可表示为

$$f^F(\sigma^*) = A_0 I_1^* + \sqrt{J_2^*} = \frac{\sqrt{3}c \cos\varphi}{\sqrt{3 + \sin^2\varphi}} \tag{5.21}$$

$$A_0 = \frac{\sqrt{3}\sin\varphi}{3\sqrt{3 + \sin^2\varphi}} \tag{5.22}$$

式中,c 和 φ 分别为无损岩石的凝聚力和内摩擦角;I_1^* 为有效应力张量的第一不变量;J_2^* 为有效应力偏量的第二不变量。

由于 Weibull 概率分布容易积分、均值大于 0 和取值范围大于 0 等特点满足岩石受压破坏统计特征,因此可假设岩石微元破坏服从 Weibull 分布,则由式(5.20)得

$$D = D_0 + (1 - D_0) \int_0^{f(\sigma^*)} \frac{m}{F_0} \left[\frac{f(\sigma^*)}{F_0}\right]^{m-1} e^{-\frac{f(\sigma^*)}{F_0}} \mathrm{d}f(\sigma^*)$$
$$= D_0 + (1 - D_0) \left[1 - e^{-\left(\frac{A_0 I_1^* + \sqrt{J_2^*}}{F_0}\right)^m}\right] \tag{5.23}$$

一般 $D_0 = 0$,则 $D = 1 - e^{-\left(\frac{A_0 I_1^* + \sqrt{J_2^*}}{F_0}\right)^m}$。式中,$m$ 和 F_0 为 Weibull 分布参数。

在岩石三轴试验中能够测得名义应力 σ_1、σ_2、σ_3($\sigma_2 = \sigma_3$)和应变 ε_1,在这里不为 0 的有效应力 σ_1^*、σ_2^*、σ_3^*($\sigma_2^* = \sigma_3^*$),可得以下关系:

$$\varepsilon_1 = \frac{1}{E_0}(\sigma_1^* - 2\mu_0\sigma_2^*)$$

$$\sigma_1^* = \frac{\sigma_1}{1 - c_n D}$$

$$\sigma_2^* = \sigma_3^* = \frac{\sigma_2}{1 - c_n D} \tag{5.24}$$

式中，E_0 和 μ_0 为无损岩石的弹性模量和泊松比；c_n 为有效面积修正系数，一般取 $0 < c_n < 1$。

求解式(5.24)可得 σ_1^*、σ_2^*、σ_3^*，从而得到

$$I_1^* = \frac{(\sigma_1 + 2\sigma_2)E_0\varepsilon_1}{\sigma_1 - 2\mu_0\sigma_2} \tag{5.25}$$

$$\sqrt{J_2^*} = \frac{(\sigma_1 - \sigma_2)E_0\varepsilon_1}{\sqrt{3}(\sigma_1 - 2\mu_0\sigma_2)} \tag{5.26}$$

$$\sigma_1 = E_0\varepsilon_1(1 - c_nD) + \mu_0(\sigma_2 + \sigma_3) \tag{5.27}$$

由式(5.23)结合式(5.27)可得三轴试验全应力-应变关系曲线表达式：

$$\sigma_1 = E_0\varepsilon_1\left[c_n e^{-\left(\frac{A_0 I_1^* + \sqrt{J_2^*}}{F_0}\right)^m} + 1 - c_n\right] + \mu_0(\sigma_2 + \sigma_3) \tag{5.28}$$

式中，μ_0、E_0 都由试验测得；c_n 按经验选取。这样应用三轴试验数据资料进行拟合，便可得到 m 和 F_0，从而得到所要的本构方程。

5.3.2　本构方程的验证与分析

上面介绍了一个各向异性的三维弹脆性损伤本构模型和一个各向同性的三维统计损伤本构模型，考虑到提出的膨胀红砂岩损伤本构模型是单轴弹性损伤模型，如果要对比分析验证，需将本构模型从三维降到一维，各向异性改为各向同性，并将膨胀红砂岩的力学特性参数引入方程进行比较。

由三维弹脆性损伤本构关系式(5.17)，加以各向同性的单轴压缩条件得到简化的单轴脆性损伤本构模型：

$$D = \left(\frac{\varepsilon}{\varepsilon_s}\right)^n \tag{5.29}$$

$$\sigma = E\left[1 - \left(\frac{\varepsilon}{\varepsilon_s}\right)^n\right]\varepsilon \tag{5.30}$$

同样将三维统计损伤本构模型(5.28)，加以单轴压缩的条件得到简化的单轴统计损伤本构模型：

$$\sigma = E\varepsilon\left[c_n e^{-\left(\frac{A_0 E_0\varepsilon + \frac{\sqrt{3}}{3}E_0\varepsilon}{F_0}\right)^m} + 1 - c_n\right] \tag{5.31}$$

根据膨胀红砂岩单轴和三轴压缩试验的结果，初始弹性模量 $E = 972\text{MPa}$，峰值应变 $\varepsilon_f = 10.4 \times 10^{-3}$，极限应变 $\varepsilon_s = 25 \times 10^{-3}$，内摩擦角 $\varphi = 36.5°$，凝聚力 $c = 138.8\text{kPa}$，系数 $c_n = 1.0$。

式(5.30)和式(5.31)中的系数 n、F_0、m 可以结合以上力学特性参数，并通过对膨胀红砂岩($\omega = 0$)单轴压缩试验曲线进行拟合，得到 $n = 1.618$，$F_0 = 61.418$，$m = 2.519$。

现将单轴脆性损伤本构模型(5.30)、单轴统计损伤本构模型(5.31)及本节提

出的单轴损伤本构模型(5.13)与膨胀红砂岩($\omega=0$)单轴压缩全应力-应变曲线比较分析,如图 5.7 所示。

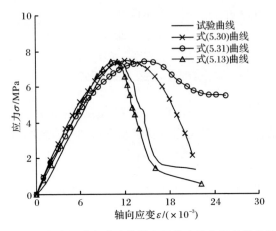

图 5.7 膨胀红砂岩试验曲线和损伤本构方程曲线比较

本节提出的损伤本构方程考虑了吸水率的影响,这是与其他本构方程的最大区别。作者分别将膨胀红砂岩($\omega=6\%,9\%,12\%$)典型单轴压缩全应力-应变曲线与本节提出的单轴损伤本构模型加以比较分析,如图 5.8～图 5.10 所示,验证了引入吸水率变量的合理性和正确性。

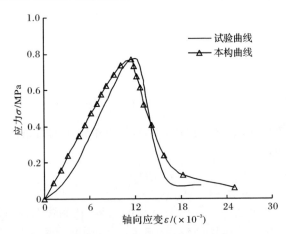

图 5.8 膨胀红砂岩试验曲线和损伤本构方程曲线比较($\omega=6\%$)

通过图 5.7 中 4 条应力-应变曲线的比较可以发现,本构方程(5.13)、方程(5.30)和方程(5.31)对试验曲线峰值应变前部分的拟合还是非常吻合的。由于都没有考虑压密阶段损伤负增长的特性,所以 3 个不同的损伤本构演化曲线没有下凹阶段,而相应的峰值应变前的曲线较试验曲线整体上浮,幅度的大小依

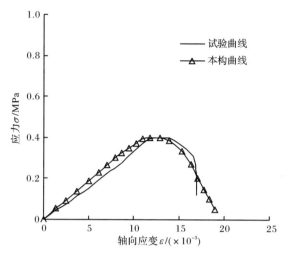

图 5.9　膨胀红砂岩试验曲线和损伤本构方程曲线比较($\omega=9\%$)

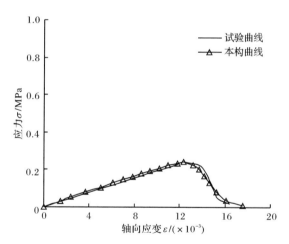

图 5.10　膨胀红砂岩试验曲线和损伤本构方程曲线比较($\omega=12\%$)

次为单轴脆性损伤本构模型最大,单轴统计损伤本构模型次之,膨胀红砂岩单轴损伤本构模型最小。而真正反映 3 个本构方程不同之处的是峰值应变后对应变软化曲线的拟合,很显然,膨胀红砂岩单轴损伤本构模型的拟合是最好的。由于膨胀红砂岩是介于软土和坚硬岩石之间的多孔隙软岩,损伤演化特性不完全等同于脆性坚硬岩石,尤其在峰值应变后的演化;而本节针对膨胀红砂岩,通过具体试验分析得到的损伤本构方程对试验曲线拟合自然要比另外两个更加合理,并且对于应变软化阶段曲线拟合可以通过 A、B 两个参数的调整使拟合曲线更接近典型的压缩曲线而达到最佳的拟合效果。

　　图 5.8～图 5.10 中两条曲线的比较,主要是为了说明在本构方程中引入化学损伤变量后,该损伤本构方程能更全面地反映不同吸水率的膨胀红砂岩在单轴压缩下的应力-应变关系。分析 3 个曲线比较图,虽然与实测曲线存在一定的误差,但基本上能够达到一定准确度,在实际工程中一旦缺少试验依据,就可以将此损伤本构方程作为一个参考性指标。

　　总体说来,该损伤本构模型有以下优点:

　　(1) 采用系数 A 和 B,充分反映膨胀红砂岩应变软化阶段的特点。

　　(2) 考虑吸水率对膨胀红砂岩强度的影响,使得该损伤本构方程更加全面地反映单轴压缩下膨胀红砂岩的力学特性。

　　(3) 采用宏细观相结合的损伤力学研究方法,丰富和发展了损伤力学。

参 考 文 献

[1] 余寿文. 损伤力学. 北京:清华大学出版社,1997.

[2] Cordebois J P,Sidoroff F. Damage Induced Elastic Anisotropy. Berlin:Springer,1982:45～60.

[3] Seedsman R. The behavior of clay shales in water. Canadian Geotechnical Journal,1986,23(1):18～12.

[4] Ojo O,Brook N. The effect of moisture on some mechanical properties of rock. Mining Science and Technology,1990,10(2):145～156.

[5] Feucht L J,Logan J M. Effects of chemically active solutions on shearing behavior of a sandstone. Tectonophysics,1990,175(1):159～176.

[6] Dieterich J H,Conrad G. Effect of humidity on time and velocity dependent friction in rocks. Journal of Geophysical Research Atmospheres,2012,89(B6):4196～4202.

[7] 冯夏庭,赖户政宏. 化学环境侵蚀下的岩石破裂特性——第一部分:试验研究. 岩石力学与工程学报,2000,19(4):403～407.

[8] 郑永来,周澄. 岩土材料粘弹性连续损伤本构模型探讨. 河海大学学报(自然科学版),1997,(2):114～116.

[9] 邱玲,徐道远,朱为玄,等. 混凝土压缩时初始损伤及损伤演变的试验研究. 合肥工业大学学报(自然科学版),2001,24(6):1061～1065.

[10] 白晨光,魏一鸣,朱建明. 岩石材料初始缺陷的分维数与损伤演化的关系. 矿冶,1996,(4):17～19.

[11] 刘立,邱贤德,黄木坤,等. 复合岩石损伤本构方程与实验. 重庆大学学报,2000,23(3):57～61.

[12] 秦跃平. 岩石损伤力学模型及其本构方程的探讨. 岩石力学与工程学报,2001,20(4):560～562.

[13] 郑永来,夏颂佑. 岩石粘弹性连续损伤本构模型. 岩石力学与工程学报,1996,(S1):

　　　428~432.

[14] 杨松岩,俞茂宏.多相孔隙介质的本构描述.力学学报,2000,32(1):11~24.

[15] 曹文贵,方祖烈,唐学军.岩石损伤软化统计本构模型之研究.岩石力学与工程学报,1998,
　　　17(6):628~633.

[16] 黄国明,黄润秋.岩石弹塑性损伤耦合本构模型.西安科技大学学报,1996,(4):328~333.

[17] 周维垣,剡公瑞,杨若琼.岩体弹脆性损伤本构模型及工程应用.岩土工程学报,1998,
　　　20(5):54~57.

[18] Suprtono F,Sidoroff F. Anisotropic damage modeling for brittle elastic materials. Archives
　　　of Mechanics,1985,37(4):521~534.

[19] 徐卫亚,韦立德.岩石损伤统计本构模型的研究.岩石力学与工程学报,2002,21(6):
　　　787~791.

第6章 工程实例应用研究
——膨胀红砂岩现场特性试验

6.1 概　　述

本章依托红山窑水利枢纽工程,在膨胀红砂岩水理性室内试验的基础上,对红山窑地基强风化膨胀红砂岩及中风化膨胀红砂岩进行现场试验研究,根据试验结果和工程实际,最终提出一套经济合理、结构可靠的地基处理方案。开发三维有限元程序,对试块膨胀率和荷载试验进行数值模拟,将计算得到的膨胀率结果和室内试验结果及现场原位试验结果进行对比分析;将沉降计算结果和现场沉降试验结果进行比较,从而验证所建模型和所编程序的正确性、所做试验的科学性及地基处理方案的合理性。

6.2 工程概况

6.2.1 工程背景

红山窑水利枢纽工程位于江苏省南京市六合县瓜埠镇以东约4km的钟家洼,距滁河与长江汇合口处12.2km,为滁河下游兼有防洪、排涝、灌溉、航运等功能的综合利用工程。该工程由电力抽水站、节制闸和船闸三部分组成,工程控制保护面积1408km²。工程始建于20世纪70年代初期,限于当时的条件,设计标准偏低、技术基础差、施工水平有欠缺,经过30年运行,出现大量的缺陷和损伤,主要表现如下:

(1) 地基底板、岸墙和翼墙、护坦开裂和发生过大位移。

(2) 上游挡水墙、下游挡水墙、岸墙、进出水流道和水泵室发生严重贯穿性裂缝与渗漏,大部分电机梁出现断裂裂缝。

(3) 建筑物出现严重裂缝与位移。

(4) 闸门和启闭系统损伤、陈旧、带病工作威胁河道控制等。

其中相当数量的缺陷和损伤与地基处理方案及建筑物的底部结构形式有关。这些缺陷和损伤严重影响工程的运行和工程效益的发挥。

南京市水利规划设计院在2002年4月完成的《南京市六合县红山窑水利枢纽

拆建工程可行性研究报告》中经过技术经济方面的比较论证,提出在原址拆除重建该枢纽工程,目前该工程已建成并投入使用。

根据《六合县红山窑水利枢纽改建工程地质勘察可研阶段报告》,强风化膨胀红砂岩及中风化膨胀红砂岩是枢纽建筑物的主要持力层,强风化膨胀红砂岩及中风化膨胀红砂岩的蒙脱石含量达 15%～25%,可初步判定为一般膨胀红砂岩,具有特殊的力学特性,而且膨胀红砂岩的膨胀能力随着岩石内风化的逐渐加强会发生相应的改变。

6.2.2　工程地质情况

根据《红山窑水利枢纽拆建工程地质勘察报告》,红山窑水利工程场地内未发现较明显、规模较大的断裂及褶皱等地质构造。基岩较稳定,区域地震最大加速度 0.1g。地貌上,红山窑水利工程属于滁河河床及滁河漫滩,河口站址接近入江口,区域上受长江控制,属于长江高漫滩。场地地层上部主要为第四纪松散堆积层,下部为风化长石石英砂岩。地基土层分为三层七个亚层。各土层主要物理力学性质指标如下[1]:

(1-1)填土(粉土、砂土)。普遍分布。砖红色,局部灰黄色。湿～饱和。主要由碎石、风化岩石碎屑、粉质黏土等组成,松散～稍密状态,透水性较大。层厚1.50～8.10m。

(1-2)填土(粉质黏土)。灰褐～灰黄色为主。湿～饱和。主要由粉质黏土组成,夹少量碎石、风化岩石碎屑等,稍密。层厚 0.70～5.00m。

(2)粉质黏土。灰色,局部为黄褐色,饱和,可塑～软塑,局部硬塑。夹薄层粉土,粉砂,含螺壳碎片、植物残片等。层厚 1.90～4.60m,顶板埋深 1.50～10.20m。

(2-1)粉砂。灰色。饱和。松散～稍密。局部夹薄层黏性土及少量风化岩屑。层厚 0.50～3.60m,顶板埋深 1.50～8.30m。

(2-2)粉土。灰色。饱和。稍密～中密。夹薄层粉砂。层厚 0.80～13.90m,顶板埋深 4.00～6.50m。

(3-1)强风化砂岩。普遍分布。砖红色。密实。砂状～碎块状。由长石石英砂岩强风化形成的碎块、岩屑、岩粉等构成,母岩结构已基本破坏,手捏易碎。最大可见厚度 1.80m,层厚 0.90～3.90m,顶板埋深 3.40～20.20m,顶板标高－8.80～3.30m。

(3-2)中风化砂岩。普遍分布。黄褐色～砖红色。块状构造。砂状结构。接触式胶结,胶结物主要为铁质污染的泥质物、碳酸盐等。岩芯较完整,岩石层理较清晰,层面与轴向夹角为 6°～7°。捶击易碎,遇水易软化。经岩石矿物鉴定,其主要矿物成分为石英、长石,另含少量方解石、碳酸盐等。经 X 射线衍射分析,蒙脱石含量高达 15%～25%。经化学分析,主要化学成分为 SiO_2、Al_2O_3、CaO、K_2O、

Na₂O,烧失量最大达 11.37%。根据国内外膨胀土研究资料,可初步判定为一般膨胀岩。岩体基本完整,钻进过程中未发现较明显的软弱结构面。该层未揭穿,最大可见厚度 10.60m,顶板埋深 6.00~16.50m,顶板标高−5.10~1.60m。

6.3　膨胀红砂岩与混凝土胶结面现场剪切试验研究

本次现场剪切试验的目的是测定红山窑水利枢纽工程中风化膨胀红砂岩、强风化膨胀红砂岩与混凝土接触面的原位抗剪强度指标 c、φ;结合室内试验结果为设计服务,且由于现场试验是在天然原状岩层上进行的,比室内试验更具代表性,能够提供现场资料。

6.3.1　试验方案选定

1. 试验方法

岩石直剪试验是将同一类型的一组岩石试件,在不同的法向荷载下进行剪切,根据莫尔-库仑准则确定岩石的抗剪强度参数。现场直剪试验适用于岩土体本身、岩土体沿软弱结构面和岩体与混凝土接触面的剪切试验,可分为岩土体试样在法向应力作用下沿剪切面破坏的抗剪断试验(摩擦试验)、法向应力为 0 时岩体剪切试验。现场直剪试验可在试洞、试坑、探槽或大口径钻孔内进行。当剪切面水平或近似水平时,可采用平推法或斜推法;当剪切面较陡时,可采用楔形体法。在现场测定岩石接触面抗剪强度时宜采用直接剪切的试验方法。直剪强度试验采用平推法,适用于岩块、结构面和混凝土与岩石接触面[2~5]。

因此,本次红山窑水利枢纽工程中风化膨胀红砂岩、强风化膨胀红砂岩与混凝土接触面摩擦特性研究试验方法采用直接剪切试验方法。直剪试验采用应力控制式的平推法进行。

现场剪切试验采用竖直方向和水平方向加载,达到剪切破坏后,确定最大水平推力 T_{max}。假定在剪破面上的法向应力 σ_n 和最大剪应力,即该破坏面的抗剪强度 τ_f 为均匀分布,即计算公式为

$$\sigma_n = \frac{P_n}{A} \tag{6.1}$$

$$\tau_f = \frac{T_n}{A} \tag{6.2}$$

式中,σ_n 为剪破面上的法向应力(kPa);τ_f 为剪破面上的抗剪强度(kPa);P_n 为剪破面上的法向力(kN);T_n 为剪破面上的切向力(kN);A 为剪破面的面积(m²)。

2. 试验仪器

现场剪切试验包括施加法向荷载设备、施加剪力设备、量测施加力设备、位移量测设备。

施加法向荷载设备包括以下几种：

（1）液压枕、液压千斤顶或静荷载，它们具有足够出力，以施加所需的法向荷载。

（2）液压泵。液压泵应具有在整个试验过程中保持荷载稳定，变动在选定荷载的 2% 以内的能力。

（3）将法向荷载均匀传至试块的反力系统，包括滚珠或类似的低摩擦设备，以保证在任何给定的法向荷载下对剪切位移的阻力要小于试验中施加的最大剪力的 1%。

施加剪力设备包括以下几种：

（1）1 台以上的液压千斤顶或液压枕，具有足够的总出力，至少有 70mm 的行程。

（2）将剪力传至试块的反力系统。沿着试件的一面，剪力应均匀分布。施加剪力的合力线，应通过剪切面的底部中心，角度允许偏差为 ±5°。

量测施加力的设备包括法向量测系统，精度优于试验中最大力的 ±2%。可用压力盒（测力计）或测力液压枕，试验前后量测仪器都应校正。

位移的量测设备。剪切位移量测系统应至少有 70mm 的行程，精度应优于 0.05mm。量测基准系统（梁、锚与表架）应有足够的刚度，以满足这些要求。应尽可能避免试验期间量表的重新调整。

综上所述，确定红山窑水利枢纽工程中等风化砂岩、强风化砂岩与混凝土接触面直接剪切试验选用如下仪器设备：50t 立式油压千斤顶 1 台；水平滑动装置 1 套；50t 单行程工作缸 1 台；63MPa 手动泵 1 台；100MPa 压力表 2 块；行程 10cm 百分表 4 只；行程 20cm 位移传感器 2 只。

3. 试验假设

为了使试验结果满足剪破面上的法向应力和剪应力均匀分布的假设，必须保证法向应力垂直并通过剪破面的形心。在试验之前一般不知道剪破面形心的准确位置，通过如下方法使假设条件尽可能近似满足：

（1）使试样所受的竖向压力 P（图 6.1），在剪切过程中始终作用在试样顶面的形心。为此，设计了如图 6.2 所示的竖向施加荷载装置，其关键是在竖向千斤顶上安装一个水平滑动装置，使竖向千斤顶与试样相对位置不发生改变。这样，无论多少水平位移，竖向千斤顶始终保持竖直且作用在试样顶面的形心，即竖向力始终垂直作用在试样顶面的形心。确保剪破面上的法向应力均匀分布。

（2）水平推力的反力座必须铅直且与试样侧面平行，尽量降低水平推力的作用点。

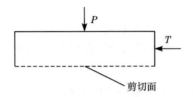

图 6.1　现场剪切试验受力示意图

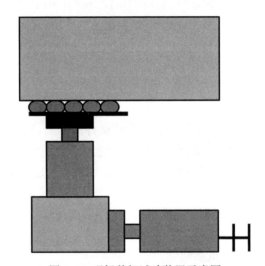

图 6.2　现场剪切试验装置示意图

4. 试验位置

混凝土与岩体接触面直剪试验适用于各级岩体。试验岩体布置及加工尺寸应符合下列规定：

（1）每组试验岩体数量不宜少于 5 个，每一试件在各自不同的常法向应力下进行试验。

（2）同一组试验岩体的岩性应基本相同，基岩面下部不得有贯通裂隙通过。

（3）剪切面面积不宜小于 2500cm²，最小边长不宜小于 50cm，高度不宜小于最小边长的 50%。

（4）加工的基岩面尺寸应大于剪切面尺寸 10~15cm，各试体间距不宜小于一倍最小边长。

　　根据试体布置及尺寸的规定、现场实际情况和设计要求,确定本次红山窑水利枢纽工程中风化膨胀红砂岩、强风化膨胀红砂岩与混凝土接触面直接剪切试验位置,如图6.3所示。

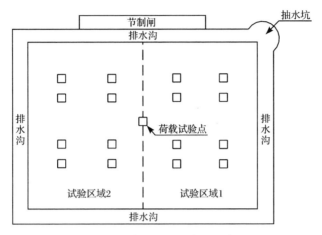

图 6.3　现场试验平面布置示意图

5. 试样制作

　　本次试验由于施工场地条件限制每组试验制备 4 个试样,每个试样截面为 50cm×50cm,高度为 50cm,试样间距约 75cm。制样步骤如下:

　　(1) 在已开挖好的基坑底面上,确定试样位置,具体位置如图 6.3 中试验区域 2 所示。

　　(2) 清理基岩表面。

　　(3) 立模,浇注试样。

　　(4) 养护 7 天。

6. 试验步骤

　　基岩与混凝土胶结面的现场剪切试验采用直剪的方式进行。试验装置如图 6.2 所示,试验步骤如下:

　　(1) 给试样施加预定法向压力 P_1(kN)。

　　(2) 分级施加水平向剪力 T(kN),直至试样剪破。需要注意的是,在分级施加水平剪力时,测读每级剪力作用下的稳定剪切变形 δ。试样剪切变形稳定标准为 3min 内试样剪切位移量小于 0.005mm;试样剪切破坏标准为,若在某级荷载作用下 15min 内变形仍不稳定或水平剪力突然下降不能稳定,就将前一级水平剪力定义为最大剪力 T_{max}。

（3）对下面试样施加不同的法向压力 P_2、P_3、P_4，重复以上步骤直至试样剪破。

6.3.2 试验结果分析

1. 现场剪切试验基本情况

红山窑水利枢纽工程中风化膨胀红砂岩、强风化膨胀红砂岩与混凝土接触面现场剪切试验分为以下两组：

第一组在图 6.3 所示的试验区域 2 进行。4 个试样的剪破面位置均在接触面附近，位于基岩内。4 个试样所受的竖向力、最大水平推力、剪切面积等基本情况和计算出的 4 个试样的抗剪强度见表 6.1。

表 6.1 试验区域 2 内第一组剪切试验的基本情况

试样编号	1	2	3	4
竖向力 P/kN	25.45	50.90	76.34	101.79
剪破水平推力 T/kN	61.50	84.65	88.50	112.50
剪破面的倾角 α/(°)	0.0	0.0	0.0	0.0
剪破面的面积 A/m²	0.25	0.25	0.25	0.25
剪破面的法向应力 σ_n/kPa	101.79	203.58	305.36	407.15
剪破面的抗剪强度 τ_f/kPa	246.00	338.59	354.00	450.00

第二组剪切试验也在图 6.3 所示的试验区域 2 进行。试验时，加力原则与第一组相同。4 个试样的剪破面位置均在接触面附近，位于基岩内。4 个试样所受的竖向力、最大水平推力、剪切面积等基本情况和计算出的 4 个试样的抗剪强度见表 6.2。

表 6.2 试验区域 2 内第二组剪切试验的基本情况

试样编号	1	2	3	4
竖向力 P/kN	25.45	50.90	76.34	101.79
剪破水平推力 T/kN	59.89	84.65	97.68	105.91
剪破面的倾角 α/(°)	0.0	0.0	0.0	0.0
剪破面的面积 A/m²	0.25	0.25	0.25	0.25
剪切面的法向应力 σ_n/kPa	101.79	203.58	305.36	407.15
剪切面的抗剪强度 τ_f/kPa	239.55	338.59	390.73	423.65

采用莫尔-库仑准则 $\tau_f = c + \sigma_n \tan\varphi$ 进行回归分析，用最小二乘法得到试验区域两处两组混凝土与基岩胶结面的抗剪强度指标如下：

第一组，凝聚力 $c=190.29\text{kPa}$，内摩擦角 $\varphi=31.6°$，$f=\tan\varphi=0.62$。

第二组，凝聚力 $c=197.02\text{kPa}$，内摩擦角 $\varphi=30.7°$，$f=\tan\varphi=0.59$。

两组现场剪切试验的抗剪强度线如图 6.4 所示。

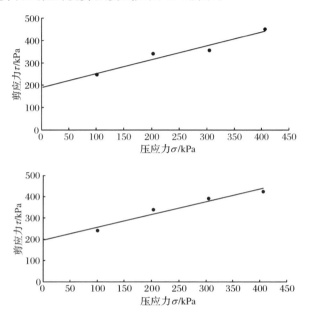

图 6.4　试验区域两组混凝土与风化砂岩胶结面抗剪强度线

2. 现场剪切试验的应力‑应变关系

直剪试验一般给出剪切过程中剪应力和剪切位移之间的关系，这里给出剪破面上水平推力增加过程中剪应力的变化与试样水平方向位移在剪破面上投影之间的关系（剪破面上的剪位移应该还有一部分由竖向压力引起，本次试验未量测这部分变形）。结果分别如图 6.5 和图 6.6 所示。

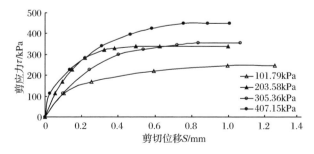

图 6.5　试验区域 2 处第一组现场剪切试验剪应力与剪切位移关系曲线

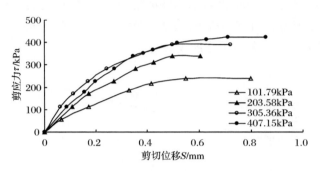

图 6.6　试验区域 2 处第二组现场剪切试验剪应力与剪切位移关系曲线

6.4　红山窑膨胀红砂岩地基荷载试验

6.4.1　试验方案选定

1. 试验方法与设备选取

荷载试验项目包括平板荷载试验和螺旋板荷载试验,它是在一定面积的承压板上向地基土逐级施加荷载,观测地基土承受压力和变形的原位试验。其成果一般用于评价地基土的承载力。根据现场地基的性质,本次试验采用平板荷载试验。

现场平板荷载试验所用设备如下:

(1) 承压板。应有足够的刚度。本次试验采用正方形钢质板,面积采用 $0.5m^2$。

(2) 施加荷载装置。包括压力源、荷载台架或反力构架。荷载台架或反力构架必须牢固稳定、安全可靠,其承受能力不小于试验最大荷载的 1.5～2.0 倍。

(3) 沉降观测装置。本次试验采用大量程百分表,相应的分度值为 0.01mm。

设备安装参照图 6.7,设备安装次序和要求如下:

(1) 安装承压板。安装承压板前应整平试坑面,铺约 1cm 厚的中砂垫层,并用水平尺找平,承压板与试验面平整接触。

(2) 安装荷载台架或加荷千斤顶反力构架,其中心应与承压板中心一致。当调整反力构架时,应避免对承压板施加压力。

(3) 安装沉降观测装置。其固定点应设在不受变形影响的位置。沉降观测点应对称设置。

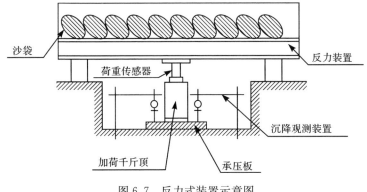

沙袋

荷重传感器

反力装置

沉降观测装置

加荷千斤顶

承压板

图 6.7　反力式装置示意图

2. 试验步骤

试验具体操作参照以下标准：

(1)《岩土工程仪器基本参数及通用技术条件》(GB/T 15406—2007)第二篇：原位测试仪器。

(2)《建筑地基基础设计规范》(GB 50007—2011)附录 C。

具体步骤如下：

(1) 在具有代表性的地点(具体位置如图 6.3 所示)，整平场地，开挖试坑。试坑底面宽度不小于承压板直径(或宽度)的 3 倍。试验前应保持试坑土层的天然状态。在开挖试坑及安装设备时，应将坑内地下水位降至坑底以下，并防止因降低地下水位而可能产生破坏岩体的现象。试验前应避免冰冻、曝晒、雨淋，必要时设置工作棚。

(2) 荷载按等量分级施加，并保持静力条件和沿承压板中心传递。每级荷载增量一般取预估试验土层极限压力的 $1/10 \sim 1/8$。

(3) 稳定标准。一般采用相对稳定法，即每施加一级荷载，待沉降速率达到相对稳定后再加下一级荷载。按时、准确观测沉降量。每级荷载下观测沉降的时间间隔一般采用下列标准：自加荷载开始，按 15min、15min、15min、30min、30min，以后每隔 $30 \sim 60$min 观测一次，直至 1h 的沉降量不大于 0.1mm。

试验一般宜进行至试验土层达到破坏阶段。当出现下列情况之一时，即可终止试验：在本级荷载下，沉降急剧增加，承压板周围出现裂缝和隆起；在本级荷载下，持续 24h 沉降速率加速或近似等速发展；总沉降量超过承压板直径(或宽度)的 $1/12$。当达不到极限荷载时，最大压力应达预期设计压力的 2.0 倍或超过第一拐点至少三级荷载。

6.4.2　试验结果分析

　　红山窑水利枢纽工程荷载试验在图 6.3 所示的试验区域 1 与试验区域 2 的交界处进行,共做一组,经由图 6.8 和图 6.9 所示装置加载观测。荷载试验在施加压力超过 500kPa 时,试验土层仍未破坏,而此时施加的最大压力已达预期设计压力的 2.0 倍,限于试验反力装置的限制,依据《土工试验规程》(SL 237—1999)中的规定,终止试验。

图 6.8　堆载过程　　　　　　　图 6.9　施加荷载及沉降观测

　　本次试验对原始数据检查、校对后,整理出荷载与沉降值、时间与沉降值汇总表,见表 6.3。绘制 $P\text{-}S$ 曲线和 $t\text{-}S$ 曲线,如图 6.10 和图 6.11 所示。

表 6.3　荷载与时间及沉降值汇总表(实测值)

垂直压应力 /kPa	相对时间 /min	累计时间 /min	相对沉降量 /mm	累计沉降量 /mm
0.000	0	0	0.000	0.000
113.590	120	120	0.265	0.265
215.378	135	255	0.257	0.522
317.165	135	390	0.273	0.795
368.059	135	525	0.038	0.834
418.953	120	645	0.148	0.981
469.847	135	780	0.076	1.058
520.740	135	915	0.079	1.137
597.081	585	1500	0.140	1.277

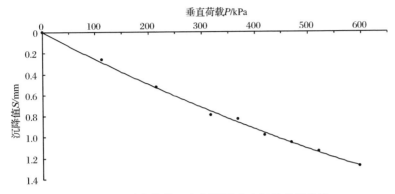

图 6.10　垂直荷载 P 与沉降值 S 之间的关系曲线

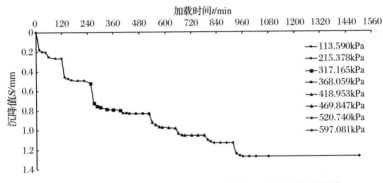

图 6.11　在各级荷载下时间 t 与沉降值 S 之间的关系曲线

6.5　膨胀红砂岩膨胀率现场试验

6.5.1　试验方案选定

1. 试验目的

膨胀率现场测试是测试样在有侧限时试样高度的变化率。本次红山窑水利枢纽工程膨胀红砂岩膨胀率现场试验的目的是观测 400mm×400mm×400mm 中风化膨胀红砂岩、强风化膨胀红砂岩在 120kPa、180kPa、220kPa、250kPa 压力作用下膨胀率随时间的变化规律；结合室内试验结果为设计服务，且由于现场试验是在天然原状岩层上进行的，比室内试验更具代表性，能够提供现场资料。因此在进水闸区域进行膨胀红砂岩膨胀率试验，具体位置如图 6.3 试验区域 1 所示。

2. 试验设备与试件制作

该现场试验选用 DSZ2 自动安平水准仪和钢尺一根。膨胀率现场试验加载装置示意图如图 6.12 所示。

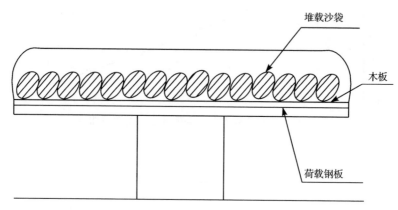

堆载沙袋

木板

荷载钢板

图 6.12 膨胀率现场试验加载装置示意图

本次试验每组共制 8 个试样,共做两组,每个试样截面为 400mm×400mm,高度为 400mm。制样方法如下:

(1) 在已开挖好的基坑底面上,确定出试样位置。

(2) 清理基岩表面。

(3) 在基岩内切削出 8 个 400mm×400mm×400mm 风化砂岩试样。

(4) 在试样周围加上刚性护环,如图 6.13 所示。

3. 试验方法及要求

红山窑水利枢纽工程膨胀红砂岩膨胀率现场试验分别测定在 120kPa、180kPa、220kPa、250kPa 压力作用下膨胀率随时间的变化规律,此次试验在图 6.3 所示的试验区域 1 进行,共有 8 个试样。首先根据场地条件及试验要求将 8 个试样分为两组,每组 4 个试样,第一组观测在 120kPa 压力作用下膨胀率随时间的变化规律,第二组观测在 180kPa 压力作用下膨胀率随时间的变化规律。观测至变化稳定后再在此基础上根据场地及设计要求选择 4 个试样,也分为两组,每组 2 个试样,第一组观测在 220kPa 压力作用下膨胀率随时间的变化规律,第二组观测在 250kPa 压力作用下膨胀率随时间的变化规律,直至变化稳定。

垂直变形观测采用二等水准测量、闭合水准路线。

测量时要求视线长度≤50m,视线高度(下丝读数)≥0.3m,闭合差≤4$\sqrt{l}$(其中 l 为环线长度,km)。

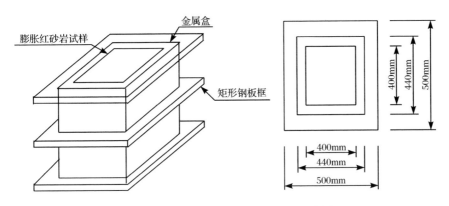

图 6.13　膨胀率现场试验试样护环示意图

垂直变形观测的频率根据变形发展速率来控制,变形较大时一天观测两到三次,变形较小时观测频率适当减小到一天一次至几天一次,直至变形稳定。

6.5.2　膨胀率特性观测结果及分析

在不同压力作用下各个试样最大膨胀率与最小膨胀率观测计算结果见表 6.4。从观测结果可以看出,在不同压力作用下膨胀率随时间的变化规律主要有以下三点:

表 6.4　在不同压力作用下各个试样最大膨胀率与最小膨胀率(实测值)

组别	垂直压力/kPa	1#试样		2#试样		3#试样		4#试样	
		最大膨胀率/%	最小膨胀率/%	最大膨胀率/%	最小膨胀率/%	最大膨胀率/%	最小膨胀率/%	最大膨胀率/%	最小膨胀率/%
Ⅰ	120	0.207	−0.340	0.320	−0.245	0.421	−0.415	0.215	−0.251
Ⅱ	180	0.024	−0.074	0.313	−0.169	0.137	−0.439	0.121	−0.189
Ⅲ	220	0.120	−0.111	0.130	−0.148	—	—	—	—
Ⅳ	250	0.094	−0.231	0.076	−0.200	—	—	—	—

(1)膨胀率的大小与试样的吸水率有很大的关系,由于观测过程中不可能在很短时间内加水使试样饱和,因此当降水导致地下水位上升时,试样的吸水率增大,试样发生明显膨胀;当天气晴朗地下水位下降时,试样失水导致吸水率减小,试样又会发生明显收缩。因此,膨胀率随时间的变化起初呈现很明显的波动现象。随着不断地加水使试样吸水率增大至接近饱和时,膨胀率随时间的变化量减小并趋于稳定。

(2)在 120kPa、180kPa、220kPa、250kPa 压力作用下,膨胀率随时间的变化量随着荷载的增大而逐渐减小,至加载到 250kPa 时几乎已不受降水的影响。

（3）由于各个试样初始吸水率不同，因此在同一压力作用下不同试样膨胀率随时间的变化也会有所差异。

绘制 400mm×400mm×400mm 中风化膨胀红砂岩、强风化膨胀红砂岩在 120kPa、180kPa、220kPa、250kPa 压力作用下膨胀率随时间变化的规律曲线，结果分别如图 6.14～图 6.17 所示。

根据膨胀红砂岩试样在 120kPa、180kPa、220kPa、250kPa 压力作用下膨胀率随时间的变化规律曲线，得出膨胀率随时间变化典型曲线如图 6.18 所示。

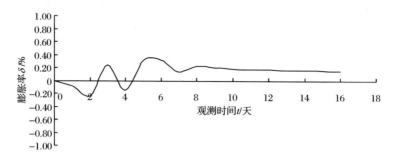

(a) 1# 试样变化规律曲线

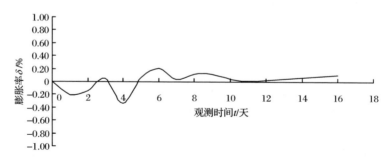

(b) 2# 试样变化规律曲线

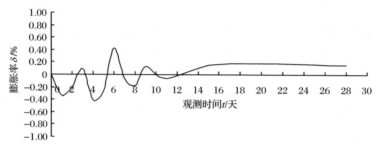

(c) 3# 试样变化规律曲线

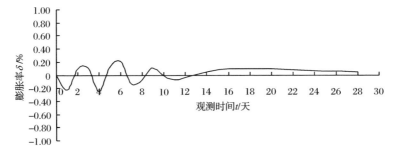

（d）4#试样变化规律曲线

图 6.14　在 120kPa 压力作用下膨胀率随时间变化规律曲线

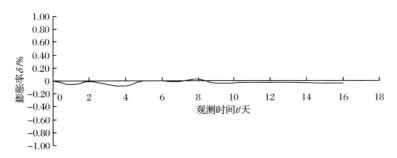

（a）1#试样变化规律曲线

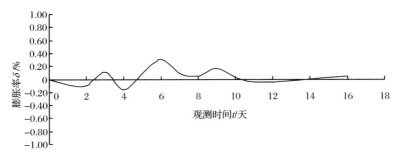

（b）2#试样变化规律曲线

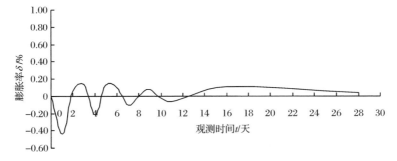

（c）3#试样变化规律曲线

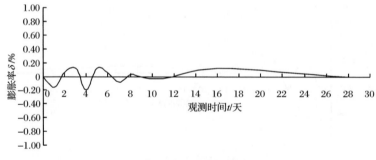

(d) 4#试样变化规律曲线

图 6.15　在 180kPa 压力作用下膨胀率随时间变化规律曲线

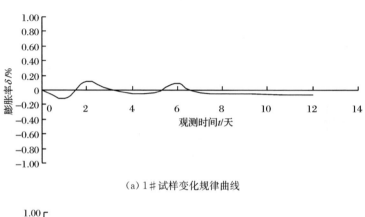

(a) 1#试样变化规律曲线

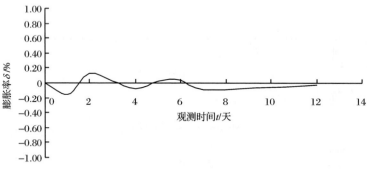

(b) 2#试样变化规律曲线

图 6.16　在 220kPa 压力作用下膨胀率随时间变化规律曲线

　　通过膨胀红砂岩与混凝土胶结面剪切试验和地基荷载试验可以看出,红山窑水利枢纽拆建工程中需要进行地基处理的主要区域的中风化岩层在原始状态下是有相当承载力的。辅以一定的控制吸水率以控制膨胀的措施,中风化岩层可以作为地基的持力层。也就是说,原位试验说明采用天然地基在大部分区域是可行的。

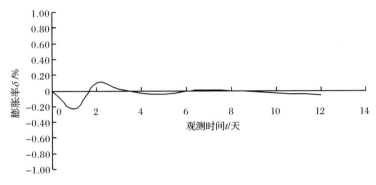

(a) 1#试样变化规律曲线

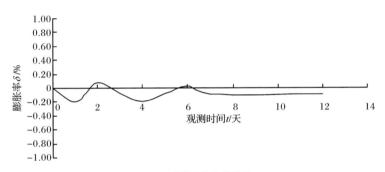

(b) 2#试样变化规律曲线

图 6.17　在 250kPa 压力作用下膨胀率随时间变化规律曲线

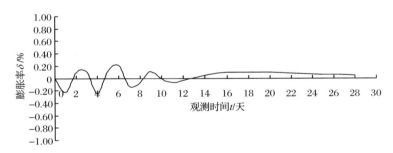

图 6.18　膨胀率随时间变化典型曲线

6.6　地基处理方案确定

地基荷载试验和红山窑风化膨胀红砂岩膨胀率试验为实际工程提供了大量的数据资料,并为地基处理方案的最终选择提供了一定的理论基础。红山窑水利枢纽拆建工程施工场地位于具有膨胀性的中风化膨胀红砂岩之上,而该膨胀红砂岩经试验证明具有遇水膨胀的不良工程地质特性,加之工程工期为两年,在这段时期如何控制红砂岩复杂多变的膨胀将是地基处理工作的重点。因此几个主要区域地基处理工作的关键是:①截渗,防止地下水的渗透,尽量减少软化的危害;②封堵,减缓施工期及使用期的风化速度;③通过上部结构或地基及基础的处理来消除膨胀对建筑物的危害。以下将紧密结合实际工程条件,并参照各项室内试验和现场试验结果,在比较中确定最佳的地基处理方案。

6.6.1　构筑物地基处理范围的确定

根据《红山窑水利枢纽拆建工程地质勘察报告》、《红山窑水利枢纽拆建工程可行性研究设计图》及《南京红山窑水利枢纽工程风化砂岩膨胀特性试验成果报告》,初步选定船闸、节制闸、泵站基础地基进行加固处理。

（1）船闸工程:上、下游的左右岸翼墙;上、下闸首;闸室。

（2）节制闸工程:上、下游左右岸翼墙;闸室。

（3）抽水泵站工程:站身;泵站上、下游左右岸翼墙;进水闸闸室;进水闸上、下游翼墙;进水闸穿堤建筑物等。

6.6.2　地基处理方案初步比较

在研究红山窑水利工程不同风化程度的膨胀红砂岩膨胀特性的基础上,针对红山窑水利工程节制闸、船闸、泵站、进水闸结构的不同以及上部结构荷载的不同,根据大量膨胀岩土地基处理方法,选择六种地基处理方案进行比较[6~15]。

1. 桩基加固地基方案

红山窑水利枢纽工程需要地基处理的面积大约 $1000m^2$,无论全部采用桩基（膨胀红砂岩不承受上部荷载）,还是采用桩基与地基岩体共同承担上部荷载的地基处理方案,其安全稳定性都不成问题,但是不经济。同时,施工工期将会延长。

2. 预留一定高度的桩基加固方案

采用预留一定高度（地基与基础底面的距离,该距离应等于膨胀红砂岩饱和膨胀变形量）的桩基处理方案,与方案 1 一样,显然是不经济的,并且会使工期延长。更重要的是,中风化膨胀红砂岩在饱和膨胀后,一部分与基础紧密接触,另一部分与基础并非完全接触,从而形成渗流通道,不满足水利工程防渗要求。这种方案在民用建筑,即非水利工程可以采用,对于水利工程是不能接受的。

3. 化学固化加固地基方案

化学固化方法是用有机化学材料抑制膨胀岩的胀缩,改善膨胀岩的工程性质。化学固化方法从理论上讲可以从根本上解决膨胀岩的胀缩性。采用化学固化加固地基方案对于化学固化材料要求非常严格。化学固化材料一般采用石灰、水泥、矿渣、砂、粉煤灰等材料。这些材料对于加固非水利工程地基是合适的,也是较经济的。但是,化学加固水利工程地基方案采用的化学固化材料会对水质造成污染,因此是不合理的。

4. 开槽加固地基方案

开槽加固方案是矿山处理膨胀软岩巷道时常用的一种方法。这种方法对膨胀性较大的围岩效果并不好,其主要原因是它不能明显地限制纵向膨胀变形,不得不过一段时间进行开挖处理。对于红山窑水利枢纽工程,红砂岩具有膨胀性,采用开槽加固地基限制了横向膨胀变形,但它不能很好地限制纵向膨胀变形。由不同荷载作用下的中风化膨胀红砂岩膨胀率试验结果可以看出,膨胀力为 263kPa 左右,这样大的地基膨胀力,仅靠开槽加固地基是靠不住的,它不能作为地基加固的主要方法。因此,单靠开槽加固地基不能限制纵向膨胀变形,不能限制纵向地基膨胀力(263kPa),不能作为地基加固的主要措施。

5. 换填土加固地基方案

将大约 $1000m^2$ 的地基完全置换成非膨胀黏土,尽管彻底消除红砂岩的膨胀性,但泵站、节制闸和船闸结构不同,一部分区域地基承载力不足,用非膨胀黏土与风化砂岩作为地基仍然不能满足承载力的要求。

6. 局部换填土、局部桩基处理方案

将膨胀红砂岩置换成非膨胀黏土,彻底消除红砂岩的膨胀性,使这一特殊地基变成普通地基,从而使复杂地基处理问题变成简单地基处理问题。同时,对于承载力不足的地基区域采用灌注桩,既安全又经济,该方案是比较合理的。

综合上述 6 种地基处理方案,从经济、安全的角度出发,充分考虑红砂岩膨胀特性,借鉴以往膨胀土地基加固措施,初步认为选择局部换填土、局部桩基处理方案加固红山窑水利工程地基相对较合理。

6.6.3　地基处理方案最终确定

对于第 6 种方案——采用局部换填土与桩基相配合方法而言,从室内试验的结果看,中风化膨胀红砂岩的承载力达不到设计要求,使用换填可以将膨胀变形基本消除,对于承载力不足的地基用桩基补强,既安全又经济,也便于施工。因此,红山窑水利枢纽工程地基处理方法采用局部换填土、局部桩基相配合的方案比开槽加固地基方案是更为合理与可行的。

但是,局部换填土、局部桩基相配合的地基处理方案是建立在风化红砂岩承载力为 180kPa 基础上的,这里的承载力数值是综合考虑室内膨胀岩的力学性质试验、膨胀岩不稳定性及相应规范而确定的。这个数值带有一定的经验性和室内试验无法避免的由扰动产生干扰的局限性,因此这个数值能否真正反映红山窑中风化砂岩的承载能力必须通过现场试验来检验。在现场试验中,荷载试验在施加压力超过 500kPa 时,试验土层仍未破坏,而此时施加的最大压力已达预期设计压力的 2.0 倍,限于试验反力装置的限制,依据《土工试验规程》(SL 237—1999)的规定,终止试验。红砂岩膨胀率现场试验分别测定了在 120kPa、180kPa、220kPa、250kPa 压力作用下膨胀率随时间的变化规律。试验测得膨胀率见表 6.4(在不同压力作用下各个试样最大膨胀率与最小膨胀率),而膨胀率随时间变化的典型曲线如图 6.18 所示。

根据在红山窑水利枢纽泵站原址中风化岩层上进行的荷载试验,此处中风化砂岩承载力在 500kPa 以上,取 $K=1.2$ 时,$[f_c]=416$kPa,大于预期设计承载力(250kPa)。同时根据 250kPa 压力下该岩层膨胀率现场试验结果,膨胀变形最终几乎趋于稳定,总体膨胀量不大。由此可见,通过室内试验结果得出的局部换填土、局部桩基相配合的地基处理方案与原位试验结论是不符合的。为了遵循地基处理方案必须符合工程实际情况的原则[16~19],最终的地基处理方案应该以原位试验的结论为基础。因此,从承载力角度考虑,中风化岩层地基承载力已超过设计标准,可以不必再进行持力层承载力补强处理;但从膨胀变形的角度考虑,施工期要遵循控制建基面以下岩层吸水率、控制地下水位以及对开挖建基岩面及时喷浆保护的原则;同时,可考虑在满足地基承载力要求的情况下,适当加大基底压力,以达到减小膨胀量的目的。总体来说,中风化地基岩层的处理重点在于控制红砂岩的膨胀;至于承载力方面,使用天然地基就可以达到设计要求。对于部分翼墙等可能坐落在全风化岩层上的区域,可以采用换填土方案处理地基。

综上所述,通过几种地基处理方案的对比分析,根据室内和原位试验结果(最终依据原位试验结果),从强度、变形、经济三方面加以论证,确定对位于中风化层的红砂岩地基,从承载力角度考虑原则上不进行处理。但考虑红砂岩的膨胀性,应保证开挖过程中裸露的膨胀红砂岩吸水率不小于 6%(从试验中得出吸水率 $\omega\in[0,6]$ 至饱和是红砂岩膨胀力的增长点。从而也说明,只要将膨胀红砂岩吸水率控制在不低于 6%,那么红砂岩膨胀力就不会过大,大约小于 40kPa,相应的红砂岩膨胀率也不会过大),还必须控制地下水位离开挖建基面不能小于 500mm,并配以喷浆保护等相应的施工管理措施(表 6.5)。对部分位于全风化岩层上的地基可采取换填土处理。

需要换填土的区域可采取如下方案,其中最关键的仍是控制地下水位。对于红山窑水利枢纽工程,应考虑开挖工期:泵站、节制闸工程在 2002 年汛后开工,船闸及配套设施在第二个施工年完成。地基开挖后,为了控制地下水位、疏通水源,开挖地沟 500mm 深,槽内有 200mm 水。这样一来,地下水位标高(以船闸闸室为例),应为 -1.45m。根据红山窑红砂岩收缩失水试验结果,换填土深度为 250mm,考虑到施工需要,可取换填土深度为 500mm,即标高 -1.70m。换填土宽度宜取地基基础宽度的 1～1.2 倍。

表 6.5　地基处理工程措施

结构物		地基反力/kPa		工程措施
		最大值	最小值	
船闸工程	闸室	—	—	原则上地基不作处理,但要遵循以下原则: (1)施工保证开挖面以下吸水率大于 6%; (2)控制地下水位,保证开挖基岩面至地下水位距离不小于 500mm; (3)对于基底压力小于 200kPa 时,可以适当改变基础尺寸,以增大基底压力; (4)施工中对裸露地基开挖面用混凝土浆封住; (5)对于坐落在全风化岩层的地基,可以采用回填处理
	上闸首	130.9	125.7	
	下闸首	133.5	61.3	
	上游左翼墙	151.8	150.2	
	上游右翼墙	151.8	150.2	
	下游左翼墙	239.2	176.1	
	下游右翼墙	259.0	—	
节制闸	闸室	150.9	57.0	
	上游左翼墙	185.4	99.8	
	上游右翼墙	218.0	—	
	下游左翼墙	190.1	106.7	
	下游右翼墙	190.0	—	
泵站	泵站室	213.0	151.8	
	上游左翼墙	157.8	100.8	
	上游右翼墙	218.0	—	
	下游左翼墙	197.8	88.8	
	下游右翼墙	198.0	—	
进水闸	闸室	116.3	47.7	
	岸墙	285.0		
	下游左翼墙	147.0	96.3	
	下游右翼墙	135.0		
	穿堤建筑物	—	—	
	闸首	114.0		

6.7　地基处理方案的有限元验证

为验证地基处理方案的合理性,针对中风化膨胀红砂岩地基荷载试验和现场膨胀率测试进行数值模拟,开发出了三维非饱和湿度应力场弹塑性耦合有限元程序 USHS-3D.FOR,将模拟结果与现场试验的结果进行比较,验证了选取的地基处理方案是安全可靠的。

6.7.1　膨胀红砂岩膨胀率数值模拟试验

程序编制过程中所采用的假设及计算程序编制方法参见 3.3.2 节。

1. 计算模型

按空间轴对称问题计算。试件规格为 $400mm \times 400mm \times 400mm$,与现场试验试件规格一致。采用六面体八结点实体单元,共有单元 8000 个,结点 9261 个,单元剖分如图 6.19 所示。现场试验装置如图 6.20 所示,根据该图,取边界条件如下:两侧边界及底部边界均取连杆约束,上部为自由表面。

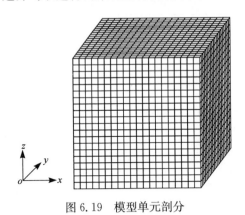

图 6.19　模型单元剖分

2. 计算工况

根据试验过程中吸水率和荷载的变化值,采用控制变量的方法进行组合,膨胀率的数值模拟共有 16 种工况,见表 6.6。

表 6.6　红砂岩膨胀率试验数值模拟工况

吸水率/%	3	6	9	12
荷载/kPa	120	180	220	250

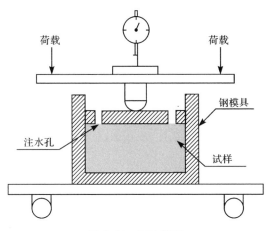

图 6.20　试验装置

　　本次计算分为 9 个时间步,每个时间步为两天,每个时间步又分为 8 个子步,每个子步 6h。

　　3. 物理力学指标

　　采用 Drucker-Prager 屈服准则,具体物理力学指标见表 6.7。

表 6.7　红山窑膨胀红砂岩物理力学指标

干容重 /(g/cm³)	轴向荷载 /kPa	弹性模量 $E=a\ln\omega-b$ 回归系数		泊松比 $\mu=a\omega-b$ 回归系数		抗压强度 $\sigma=a\ln\omega-b$ 回归系数		凝聚力 /kPa	内摩擦角 /(°)
		a	b	a	b	a	b		
	0.00	−205.12	330.92	0.0197	0.21	1.6487	2.7362		
	50.00	−321.47	546.89	0.0192	0.21	2.1043	3.6784		
1.91	100.00	−459.29	692.97	0.0186	0.22	2.9679	4.6394	23.61	30.53
	200.00	−552.76	859.96	0.0173	0.23	3.9914	6.3051		
	350.00	−669.10	981.42	0.0161	0.25	5.349	7.5685		

　　4. 计算结果与分析

　　1)膨胀率分析

　　图 6.21~图 6.24 分别为压力 120kPa、180kPa、220kPa 和 250kPa 时试件的膨胀率随时间变化曲线。由此可以得出以下规律:

　　(1)膨胀率随时间的变化呈现很明显的波动现象,在加载初期,红山窑风化膨

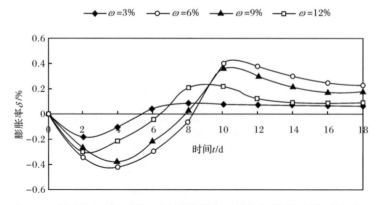

图 6.21　120kPa 压力下不同吸水率膨胀红砂岩的膨胀率随时间关系曲线

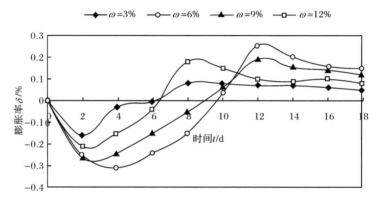

图 6.22　180kPa 压力下不同吸水率膨胀红砂岩的膨胀率随时间关系曲线

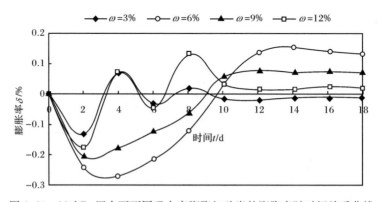

图 6.23　220kPa 压力下不同吸水率膨胀红砂岩的膨胀率随时间关系曲线

胀红砂岩膨胀率为负,表明试件压缩;随后膨胀率为正,表明试件膨胀。但在加载后期,随着压力逐渐增大,吸水率越小的膨胀红砂岩又表现为压缩。

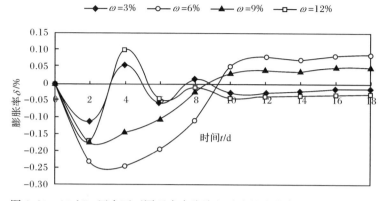

图 6.24　250kPa 压力下不同吸水率膨胀红砂岩的膨胀率随时间关系曲线

（2）在相同的压力作用下,吸水率越高的风化砂岩,其压缩性和膨胀性也更明显,通常吸水率越高,则膨胀率越大;吸水率越低,则膨胀率越小。这表明红山窑风化砂岩对天气比较敏感,天气晴暖,气温上升则吸水率越低,膨胀率也降低,反之亦然。

（3）具有同样吸水率的风化砂岩,压力越大,膨胀率越低;压力越小,膨胀率越大。可见压力对膨胀岩的膨胀有限制作用。

（4）不同压力作用下模拟的不同吸水率试件的最大膨胀率与最小膨胀率见表 6.8。从表可以看出,16 种工况的最大膨胀率为 0.401%,最小吸水率为 −0.420%。表 6.8 右上角的膨胀率绝对值最大,左下角的膨胀率绝对值最小。可见吸水率越低,压力越大,其膨胀率越小,这与前面所述结论吻合。

表 6.8　在不同压力作用下不同吸水率试件的最大膨胀率与最小膨胀率(计算值)

组别	垂直压力/kPa	$\omega=3\%$		$\omega=6\%$		$\omega=9\%$		$\omega=12\%$	
		最大膨胀率/%	最小膨胀率/%	最大膨胀率/%	最小膨胀率/%	最大膨胀率/%	最小膨胀率/%	最大膨胀率/%	最小膨胀率/%
Ⅰ	120	0.090	−0.180	0.230	−0.260	0.360	−0.380	0.401	−0.420
Ⅱ	180	0.080	−0.160	0.180	−0.212	0.192	−0.253	0.254	−0.309
Ⅲ	220	0.068	−0.132	0.131	−0.176	0.076	−0.204	0.152	−0.270
Ⅳ	250	0.057	−0.109	0.100	−0.166	0.051	−0.171	0.086	−0.226

2）试样变形分析

限于篇幅,本节给出吸水率为 3% 的试样在 120kPa、180kPa、220kPa 和 250kPa 压力作用下第 4 天和吸水率为 9% 的试样在 120kPa、180kPa、220kPa 和 250kPa 压力作用下第 10 天的竖向变形等值线图,分别如图 6.25~图 6.32 所示。

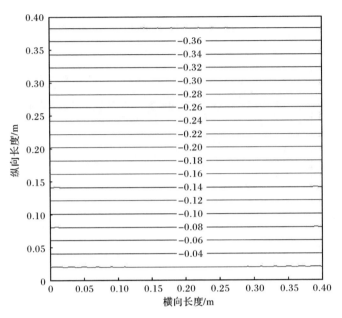

图 6.25　吸水率为 3% 的试样在 120kPa 作用下第 4 天时的
竖向变形等值线($x=0.2$m,单位:mm)

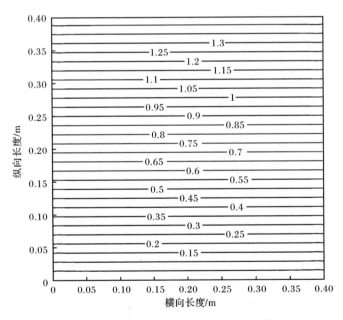

图 6.26　吸水率为 9% 的试样在 120kPa 作用下第 10 天时的
竖向变形等值线($x=0.2$m,单位:mm)

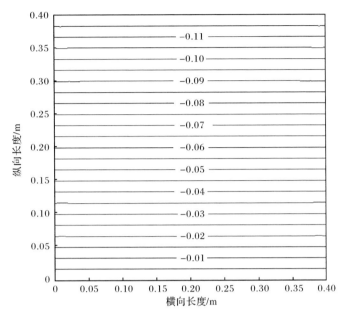

图 6.27　吸水率为 3% 的试样在 180kPa 作用下第 4 天时的
竖向变形等值线($x=0.2$m,单位:mm)

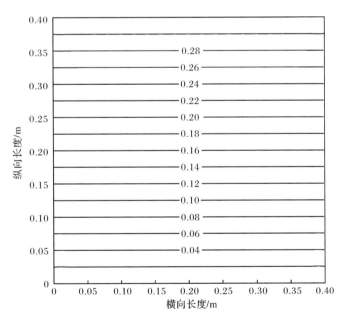

图 6.28　吸水率为 9% 的试样在 180kPa 作用下第 10 天时的
竖向变形等值线($x=0.2$m,单位:mm)

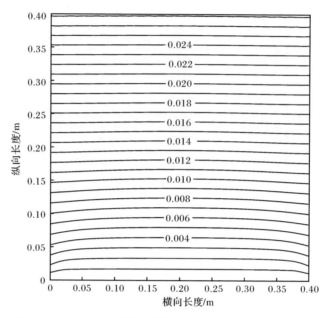

图 6.29　吸水率为 3％的试样在 220kPa 作用下第 4 天时的
竖向变形等值线($x=0.2$m,单位:mm)

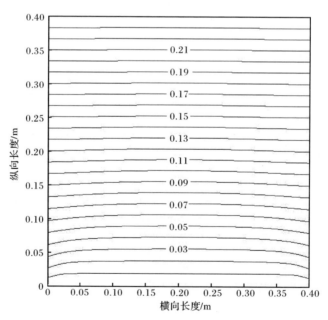

图 6.30　吸水率为 9％的试样在 220kPa 作用下第 10 天时的
竖向变形等值线($x=0.2$m,单位:mm)

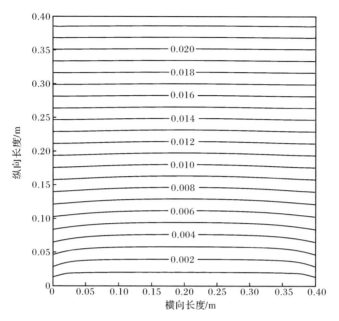

图 6.31　吸水率为 3% 的试样在 250kPa 作用下第 4 天时的
竖向变形等值线（$x=0.2m$，单位：mm）

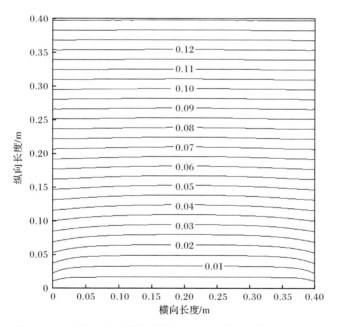

图 6.32　吸水率为 9% 的试样在 250kPa 作用下第 10 天时的
竖向变形等值线（$x=0.2m$，单位：mm）

　　从图 6.25～图 6.32 可以看出,当压力为 120kPa 和 180kPa 时,试样的竖向变形是线性的,此时为弹性变形,当压力达到 220kPa 时,出现塑性变形。另外结果还显示,相同吸水率的试样,在不同压力作用到相同时间时,压力越大的试样,其变形似乎越小。这是因为围压越大,试样的弹性模量也相应更大,同时反映了压力对膨胀岩的膨胀有限制作用,这与现场试验的结果相吻合。

　　由于试样边界的约束作用,边界的膨胀受到限制,其膨胀不如中底部明显。

　　通过表 6.4 膨胀率现场实测值与表 6.8 膨胀率计算值及室内试验结果的比较可以清楚看出,膨胀率的计算值与实测值相差都在 10% 以内,基本一致。这便可证明本节所建立的膨胀岩三维本构模型和有限元程序均是正确的,且所采用的地基处理方案也是安全可靠的。

6.7.2　中风化膨胀红砂岩地基平板荷载试验数值模拟

1. 计算模型

　　本次试验采用的承压板为刚度足够大的正方形钢质板,面积采用 0.5m² ,而且承压板与试验面平整接触,假设加载均匀作用在整个承压板表面。计算域为水平方向自承压板边缘向外 10d,垂直方向自承压板边缘向外取 10d(d 为承压板边长)。计算网格如图 6.33 所示,其中共有单元 9800 个,结点 11099 个。

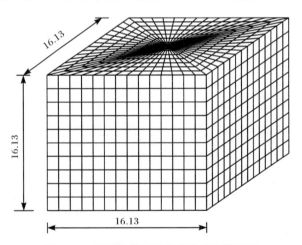

图 6.33　平板荷载试验数值模拟计算网格

　　按空间轴对称问题计算。边界条件选取上端试验面为位移自由面,底部和周侧边界为位移固定端。

　　根据试验,取吸水率为 3% 时中风化膨胀红砂岩的弹性模量 E 为 177MPa,泊松比 μ 为 0.21。采用 Drucker-Prager 屈服准则,凝聚力 c 为 23.61kPa,内摩擦角

φ 为 30.53°。

承压板上加载与时间关系如图 6.34 所示。

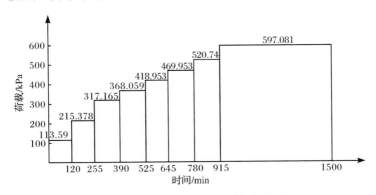

图 6.34 承压板上荷载与时间的关系

2. 计算结果分析

根据实际的加载情况,本次计算分为 8 个荷载步,每个荷载步对应一级荷载,每个荷载步分为 10 个子步。计算出的各级荷载下时间 t 与承压板中心点处沉降值 S 之间的关系曲线如图 6.35 所示。从图可以看出,在每级荷载加载初期,沉降量迅速增加,之后逐渐缓和。随着加载逐渐增大,前后两级加载的沉降差逐渐减小。当施加压力超过 500kPa 时,其沉降基本稳定。其曲线特征和现场平板荷载试验的结果(图 6.11)是一致的。

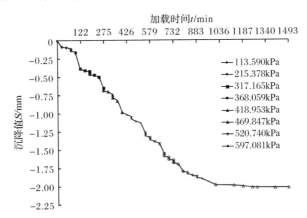

图 6.35 模拟的各级荷载下时间 t 与沉降值 S 之间的关系曲线

模拟出的最大沉降量为 2.0214mm,现场试验最大沉降量为 1.29mm。其主要原因有以下几点:一是模拟的数学模型为理想模型,不能真实反映天然中风化砂岩地基的物理力学性质,试验得到的物理力学参数也有误差;二是模拟的加载过程为每个时间步等值加载,实际的加载过程不可能一步到位;三是加载过程中,地基的含水量必然会变化,这种变化会导致天然膨胀岩物理力学指标的改变;四是计算域为有限的,而现场平板荷载试验为半无限域。

限于篇幅,这里给出了加载 120min、525min 和 1500min 时,承压板周围的地表沉降情况,分别如图 6.36～图 6.38 所示。

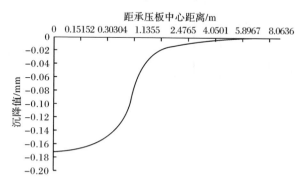

图 6.36　加载 120min 时承压板周围沉降情况($y=0$)

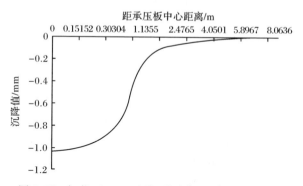

图 6.37　加载 525min 时承压板周围沉降情况($y=0$)

由图可以看出:

(1) 距离承压板越远,其沉降量越小,其沉降曲线形状基本相似,呈双曲正切函数特征。

(2) 随着加载的逐渐增大和加载时间的延长,各级荷载下的最大沉降量明显增大,地表沉降的范围也逐渐扩大。在施加第一级荷载(113.59kPa)后 120min 时,最大沉降量为 0.172mm,距离承压板中心 0.5m 处沉降量为 0.085mm,距离承压板中心 5m 处沉降量为 0.0021mm;施加到第四级荷载(368.059kPa)后 525min 时,最大沉降量为 1.135mm,距离承压板中心 0.5m 处沉降量为 0.559mm,距离承

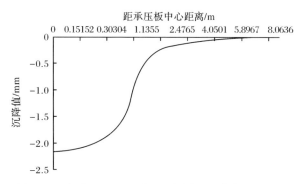

图 6.38　加载 1500min 时承压板周围沉降情况($y=0$)

压板中心 5m 处沉降量为 0.0137mm；施加到第八级荷载（597.081kPa）后 1500min 时，最大沉降量为 2.0214mm，距离承压板中心 0.5m 处沉降量为 0.991mm，距离承压板中心 5m 处沉降量为 0.0245mm。详细情况见表 6.9。

表 6.9　荷载与时间及沉降值汇总表（计算值）

垂直压应力/kPa	相对时间/min	累计时间/min	相对沉降量/mm	累计沉降量/mm
0.000	0	0	0.000	0.000
113.590	120	120	0.365	0.172
215.378	135	255	0.357	0.818
317.165	135	390	0.373	1.245
368.059	135	525	0.218	1.135
418.953	120	645	0.164	1.537
469.847	135	780	0.126	1.656
520.740	135	915	0.119	1.784
597.081	585	1500	0.203	2.021

通过表 6.3 荷载与时间及沉降值实测值与表 6.9 计算值的比较可以清楚看出，沉降量的计算值与实测值相差只有 0.73mm，这个差很微小，说明两者基本保持一致。这也进一步证明本节所建立的膨胀岩三维本构模型和有限元程序均是正确的，且所采用的地基处理方案也是安全可靠的。

参 考 文 献

[1] 朱珍德,张爱军.南京红山窑水利枢纽工程膨胀岩地基处理方案设计成果报告.南京:河海大学岩土工程技术工程研究中心,2003.

[2] 中华人民共和国水利部.SL 264—2001　水利水电工程岩石试验规程.北京:水利水电出版

社,2001.

[3] 中华人民共和国建设部. GB 50021—2001 岩土工程勘察规范. 北京:中国建筑工业出版社,2009.

[4] 郑雨天. 岩石力学试验建议方法. 北京:煤炭工业出版社,1980.

[5] 中华人民共和国住房和城乡建设部. GB/T 50266—2013 工程岩体试验方法标准. 北京:中国建筑工业出版社,2013.

[6] 任振甲. 正确选择地基处理方案. 矿产勘查,2001,(8):31~32.

[7] 邹玉康. 也谈地基处理与基础设计. 工程建设与设计,2001,(1):13~14.

[8] 和明. 软土地基的处理方法及效益浅析. 黑河科技,2002,(1):45.

[9] 屈妍. 软土地基的处理技术. 建筑技术开发,2002,29(5):82~83.

[10] 赵淑昱,邹娅. 软弱黏土地基处理方案分析. 河北电力技术,2002,21(3):41~43.

[11] 孙新枝. 软土地基处理方法分析. 天中学刊,2002,17(2):104~105.

[12] 郭玉花. 大坝复杂地基处理技术的新发展//水利水电地基与基础工程学术交流会,宜昌,1998.

[13] 张广丰. 干旱区高速铁路膨胀性泥岩路基处理措施研究. 铁道工程学报,2016,33(10):45~48.

[14] 林宗元. 岩土工程治理手册. 北京:中国建筑工业出版社,2005.

[15] 郑刚,龚晓南,谢永利,等. 地基处理技术发展综述. 土木工程学报,2012,(2):127~146.

[16] Einstein H. Suggested method for laboratory testing of argillaceous swelling rocks. International Journal of Rock Mechanics and Mining Sciences,1989,26(5):415~426.

[17] International Society for Rock Mechanics. Suggested methods for determining swelling and slake-durability index properties. International Journal of Rock Mechanics and Mining Science,1979,16(2):151~156.

[18] 何满潮,冷曦晨,衡朝阳,等. 延边地区公路沿线膨胀性软岩的发现与试验研究. 岩石力学与工程学报,2003,22(7):1151~1155.

[19] 白晓红. 几种特殊土地基的工程特性及地基处理. 工程力学,2007,24(s2):83~98.